Physik

Die gesamte Physik in einem Skript

3., komplett überarbeitete Auflage

Autor: Dr. Andreas Jerrentrup

Herausgeber:
MEDI-LEARN
Bahnhofstraße 26b, 35037 Marburg/Lahn

Herstellung:
MEDI-LEARN Kiel
Olbrichtweg 11, 24145 Kiel
Tel: 0431/78025-0, Fax: 0431/78025-27
E-Mail: redaktion@medi-learn.de, www.medi-learn.de

Verlagsredaktion: Dr. Waltraud Haberberger, Jens Plasger, Christian Weier, Tobias Happ
Grafiker: Irina Kart, Dr. Günter Körtner, Alexander Dospil, Christine Marx
Layout und Satz: Kjell Wierig und Kristina Junghans
Illustration: Daniel Lüdeling, Rippenspreizer.com
Lektorat: Jan-Peter Wulf
Druck: Druckerei Wenzel, Marburg

3. Auflage 2009

ISBN-13: 978-3-938802-59-5

Wichtiger Hinweis für alle Leser

Die Medizin ist als Naturwissenschaft ständigen Veränderungen und Neuerungen unterworfen. Sowohl die Forschung als auch klinische Erfahrungen sorgen dafür, dass der Wissensstand ständig erweitert wird. Dies gilt insbesondere für medikamentöse Therapie und andere Behandlungen. Alle Dosierungen oder Angaben in diesem Buch unterliegen diesen Veränderungen.
Darüber hinaus hat das Team von MEDI-LEARN zwar die größte Sorgfalt in Bezug auf die Angabe von Dosierungen oder Applikationen walten lassen, kann jedoch keine Gewähr dafür übernehmen. Jeder Leser ist angehalten, durch genaue Lektüre der Beipackzettel oder Rücksprache mit einem Spezialisten zu überprüfen, ob die Dosierung oder die Applikationsdauer oder -menge zutrifft. **Jede Dosierung oder Applikation erfolgt auf eigene Gefahr des Benutzers.**
Sollten Fehler auffallen, bitten wir dringend darum, uns darüber in Kenntnis zu setzen.

Vorwort

Liebe Leserinnen und Leser,
da ihr euch entschlossen habt, den steinigen Weg zum Medicus zu beschreiten, müsst ihr euch früher oder später sowohl gedanklich als auch praktisch mit den wirklich üblen Begleiterscheinungen dieses ansonsten spannenden Studiums auseinander setzen, z.B. dem Physikum.
Mit einer Durchfallquote von ca. 25% ist das Physikum die unangefochtene Nummer eins in der Hitliste der zahlreichen Selektionsmechanismen.
Grund genug für uns, euch durch die vorliegende Skriptenreihe mit insgesamt 30 Bänden fachlich und lernstrategisch unter die Arme zu greifen. Die 29 Fachbände beschäftigen sich mit den Fächern Physik, Physiologie, Chemie, Biochemie, Biologie, Histologie, Anatomie und Psychologie/Soziologie. Ein gesonderter Band der MEDI-LEARN Skriptenreihe widmet sich ausführlich den Themen Lernstrategien, MC-Techniken und Prüfungsrhetorik.
Aus unserer langjährigen Arbeit im Bereich professioneller Prüfungsvorbereitung sind uns die Probleme der Studenten im Vorfeld des Physikums bestens bekannt. Angesichts des enormen Lernstoffs ist klar, dass nicht 100% jedes Prüfungsfachs gelernt werden können. Weit weniger klar ist dagegen, wie eine Minimierung der Faktenflut bei gleichzeitiger Maximierung der Bestehenschancen zu bewerkstelligen ist.
Mit der MEDI-LEARN Skriptenreihe zur Vorbereitung auf das Physikum haben wir dieses Problem für euch gelöst. Unsere Autoren haben durch die Analyse der bisherigen Examina den examensrelevanten Stoff für jedes Prüfungsfach herausgefiltert. Auf diese Weise sind Skripte entstanden, die eine kurze und prägnante Darstellung des Prüfungsstoffs liefern.
Um auch den mündlichen Teil der Physikumsprüfung nicht aus dem Auge zu verlieren, wurden die Bände jeweils um Themen ergänzt, die für die mündliche Prüfung von Bedeutung sind.
Zusammenfassend können wir feststellen, dass die Kenntnis der in den Bänden gesammelten Fachinformationen genügt, um das Examen gut zu bestehen.
Grundsätzlich empfehlen wir, die Examensvorbereitung in drei Phasen zu gliedern. Dies setzt voraus, dass man mit der Vorbereitung schon zu Semesterbeginn (z.B. im April für das August-Examen bzw. im Oktober für das März-Examen) startet. Wenn nur die Semesterferien für die Examensvorbereitung zur Verfügung stehen, sollte direkt wie unten beschrieben mit Phase 2 begonnen werden.

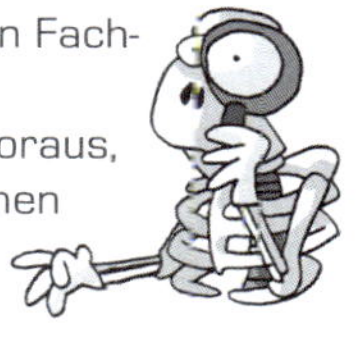

- **Phase 1:** Die erste Phase der Examensvorbereitung ist der **Erarbeitung des Lernstoffs** gewidmet. Wer zu Semesterbeginn anfängt zu lernen, hat bis zur schriftlichen Prüfung je **drei Tage für die Erarbeitung jedes Skriptes** zur Verfügung. Möglicherweise werden einzelne Skripte in weniger Zeit zu bewältigen sein, dafür bleibt dann mehr Zeit für andere Themen oder Fächer. Während der Erarbeitungsphase ist es sinnvoll, einzelne Sachverhalte durch die punktuelle Lektüre eines Lehrbuchs zu ergänzen. Allerdings sollte sich diese punktuelle Lektüre an den in den Skripten dargestellten Themen orientieren!
  Zur **Festigung des Gelernten** empfehlen wir, bereits in dieser ersten Lernphase **themenweise zu kreuzen**. Während der Arbeit mit dem Skript Physik sollen z.B. beim Thema „Optik" auch schon Prüfungsfragen zu diesem Thema bearbeitet werden. Als Fragensammlung empfehlen wir in dieser Phase die „Schwarzen Reihen". Die jüngsten drei Examina sollten dabei jedoch ausgelassen und für den Endspurt (= Phase 3) aufgehoben werden.

- **Phase 2**: Die zweite Phase setzt mit Beginn der Semesterferien ein. Zur **Festigung und Vertiefung des Gelernten** empfehlen wir, **täglich ein Skript zu wiederholen und parallel examensweise das betreffende Fach zu kreuzen**. Während der Bearbeitung der Physik (hierfür sind ein bis zwei Tage vorgesehen) empfehlen wir, alle Physikfragen aus drei bis sechs Altexamina zu kreuzen. Bitte hebt euch auch hier die drei aktuellsten Examina für Phase 3 auf.

- **Phase 3:** In der dritten und letzten Lernphase sollten **die aktuellsten drei Examina tageweise gekreuzt** werden. Praktisch bedeutet dies, dass im tageweisen Wechsel Tag 1 und Tag 2 der aktuellsten Examina bearbeitet werden sollen. Im Bedarfsfall können einzelne Prüfungsinhalte in den Skripten nachgeschlagen werden.

- Als **Vorbereitung auf die mündliche Prüfung** können die in den Skripten enthaltenen „Basics fürs Mündliche" wiederholt werden. Wir haben in den kleinen Fächern die Themen aufgeführt, die erfahrungsgemäß auch in den großen Fächern mündlich gefragt werden.

Wir wünschen allen Leserinnen und Lesern eine gelungene Prüfungsvorbereitung und ein erfolgreich bestandenes Examen!

Euer MEDI-LEARN-Team

Online-Service zur Skriptenreihe

Die mehrbändige MEDI-LEARN Skriptenreihe zum Physikum ist eine wertvolle fachliche und lernstrategische Hilfestellung, um die berüchtigte erste Prüfungshürde im Medizinstudium sicher zu nehmen.
Um die Arbeit mit den Skripten noch angenehmer zu gestalten, bietet ein spezieller Online-Bereich auf den MEDI-LEARN Webseiten ab sofort einen erweiterten Service. Welche erweiterten Funktionen ihr dort findet und wie ihr damit zusätzlichen Nutzen aus den Skripten ziehen könnt, möchten wir euch im Folgenden kurz erläutern.

Volltext-Suche über alle Skripte
Sämtliche Bände der Skriptenreihe sind in eine Volltext-Suche integriert und bequem online recherchierbar: Ganz gleich, ob ihr fächerübergreifende Themen noch einmal Revue passieren lassen oder einzelne Themen punktgenau nachschlagen möchtet: Mit der Volltext-Suche bieten wir euch ein Tool mit hohem Funktionsumfang, das Recherche und Rekapitulation wesentlich erleichtert.

Digitales Bildarchiv
Sämtliche Abbildungen der Skriptenreihe stehen euch auch als hochauflösende Grafiken zum kostenlosen Download zur Verfügung. Das Bildmaterial liegt in höchster Qualität zum großformatigen Ausdruck bereit. So könnt ihr die Abbildungen zusätzlich beschriften, farblich markieren oder mit Anmerkungen versehen. Ebenso wie der Volltext sind auch die Abbildungen über die Suchfunktion recherchierbar.

Errata-Liste
Sollte uns trotz eines mehrstufigen Systems zur Sicherung der inhaltlichen Qualität unserer Skripte ein Fehler unterlaufen sein, wird dieser unmittelbar nach seinem Bekanntwerden im Internet veröffentlicht. Auf diese Weise ist sicher gestellt, dass unsere Skripte nur fachlich korrekte Aussagen enthalten, auf die ihr in der Prüfung verlässlich Bezug nehmen könnt.

Den Onlinebereich zur Skriptenreihe findet ihr unter www.medi-learn.de/skripte

Diese und über 600 weitere Cartoons
gibt es in unseren Galerien unter:

www.Rippenspreizer.com

1 Grundbegriffe des Messens und der quantitativen Beschreibung

Ein zugegebenermaßen etwas trockener Einstieg in die Physik – aber die Grundlage für alle anderen Kapitel. In diesem Kapitel sind die Hauptpunkte:

- die physikalische Größe an sich,
- die so genannten Basisgrößen und Einheiten (= SI-Einheiten) und die daraus abgeleiteten Größen und Einheiten,
- die Vektoren als physikalische Größe und
- der (mathematische) Umgang mit Messunsicherheiten.

1.1 Physikalische Größen

Eine physikalische Größe besteht aus **Maßzahl** und **Einheit**: z.B. ist in der Angabe **3 kg** die 3 die Maßzahl und das Kilogramm (= kg) die Einheit.

Übrigens...
Die Division einer Größe durch deren Einheit ergibt die Maßzahl.

1.1.1 Basisgrößen und Einheiten (= SI-Einheiten)

Es gibt sieben **Basisgrößen** und **–einheiten**, die die Grundlage unseres physikalischen Einheitensystems bilden und als SI-Einheiten (von franz. = système international d´unités) bezeichnet werden:

Größe:	[Einheit]:	Bedeutung:
Länge (z.B. Weg, Strecke)	m	Meter
Zeit	s	Sekunde
Masse	kg	Kilogramm
elektrische **Stromstärke**	A	Ampère
Temperatur	K	Kelvin
Stoff**menge**	mol	Mol
Lichtstärke	cd	Candela

Tabelle 1: Basisgrößen und -einheiten

MERKE:
Die Temperatur wird als Basiseinheit in Kelvin angegeben, NICHT in Grad Celsius.

1.1.2 Abgeleitete Größen und Einheiten

Alle anderen Größen lassen sich daraus zusammensetzen (= abgeleitete Größen). So z.B. die Geschwindigkeit:

$$\text{mit } v = \frac{\text{Weg}}{\text{Zeit}} = \frac{s}{t} = \left[\frac{m}{s}\right]$$

v = Geschwindigkeit
s = Weg bzw. Strecke
t = Zeit

Übrigens...
Die Einheiten sind im Skript in eckigen [] Klammern angegeben.

1.1.3 Dimensionen von Größen, Umrechnung von Dimensionen

Einheiten können verschiedene **Dimensionen** haben. Die Einheit „Länge" kann z.B. in km, m, cm, mm usw. angegeben werden.

Dabei gilt es zu beachten, dass nur Größen **gleicher Dimension** miteinander verrechnet werden können; leider ein sehr beliebter Fehler im schriftlichen Examen.

Beispiel:
Um km/h mit m/s verrechnen zu können, muss man einen der Werte in die andere Dimension umrechnen. 50 km/h ist also umgerechnet in m/s (1 km = 1000 m, 1 h = 3600 s):

$$50\,\frac{km}{h} = 50 \cdot \left(\frac{1000\ m}{3600\ s}\right) = 50 \cdot \left(\frac{1\ m}{3{,}6\ s}\right) = 14\,\frac{m}{s}$$

Die verschiedenen Dimensionen werden gebildet, indem ein Buchstabe der Basiseinheit vorangestellt wird:

Buchstabe:		Potenz:
G	giga	10^{9}
M	mega	10^{6}
K	kilo	10^{3}
H	hekto	10^{2}
c	centi	10^{-2}
m	milli	10^{-3}
µ	micro	10^{-6}
n	nano	10^{-9}
p	pico	10^{-12}

Tabelle 2: Gebräuchliche Dimensionen

Besonders gerne wird gefragt, wie sich abgeleitete Größen, z.B. die Energie oder der Impuls in SI-Einheiten oder anderen Einheiten darstellen lassen. Hier muss man leider einige Dinge auswendig lernen, wobei die fettgedruckten Größen der Tabelle ganz besonders gerne gefragt werden.

Abgeleitete Größe:	[Einheit]:	Kommentar:
Dichte (ist **temperaturabhängig)**	$\frac{kg}{m^3}$	Masse pro Volumen
Beschleunigung	$\frac{m}{s^2}$	Geschwindigkeit pro Zeit
Kraft	$N=\frac{kg \cdot m}{s^2}$	N = Newton Masse · Beschleunigung
Energie und Arbeit	$J=N \cdot m=\frac{kg \cdot m^2}{s^2}$	**J = Joule** Kraft · Weg
Drehmoment	$J=N \cdot m=\frac{kg \cdot m^2}{s^2}$	**wie Energie (= Arbeit)** Kraft · Weg
Impuls	$\frac{kg \cdot m}{s}$	Masse · Geschwindigkeit
Druck	$Pa=\frac{N}{m^2}=\frac{kg}{m \cdot s^2}$	Pa = Pascal Kraft pro Fläche
Leistung	$\frac{J}{s}=\frac{kg \cdot m^2}{s^3}$	Energie (= Arbeit) pro Zeit
elektrische Leistung	$W= V \cdot A$	**W = Watt, V = Volt** Spannung · Stromstärke
elektrische Ladung	$C= A \cdot s$	C = Coulomb Stromstärke · Zeit
elektrische Feldstärke	$\frac{V}{m}$	V = Volt
magnetische Feldstärke	$\frac{A}{m}$	
elektrischer Widerstand	$\Omega=\frac{V}{A}$	Ω = Ohm, V = Volt Spannung durch Stromstärke
Wärmekapazität	$\frac{J}{K}$	Energie pro Kelvin
spezifische Wärmekapazität (spezifisch = **pro kg**)	$\frac{J}{K \cdot kg}$	Energie pro Kelvin pro Kilogramm eines Stoffes
Molare Masse (molar = **pro mol**)	$\frac{kg}{mol}$	Kilogramm pro Mol

Tabelle 3: Häufig gefragte abgeleitete Größen

Übrigens...

In der Medizin werden, meist aus historischen Gründen, für die Größen Druck und Energie weitere Einheiten neben den direkt aus den SI-Einheiten abgeleiteten Pascal und Joule verwendet (s. 1.1.4, 1.1.5, 1.1.6).

1.1.4 Druckeinheiten

Druck wird in der Medizin z.B. neben Pascal in mmHg (bei der Blutdruckmessung) oder in cm H_2O (bei einigen Beatmungsformen) angegeben. Die Umrechnung geht wie folgt:
1 Torr = 1 mm Hg = 1,36 cm H_2O (= Wassersäule) = 133 Pa.

1.1.5 Energieeinheiten

Als Energieeinheit ist – neben Joule – häufig noch die Einheit Kalorien gebräuchlich, was sich z.B. in einer der ersten ärztlichen Anordnungen bei Aufnahme eines übergewichtigen Patienten äußert: „Reduktionskost 1500 kcal".
Weiterhin ist als Energieeinheit auch das eV (= Elektronenvolt) in Umlauf, z.B. für die Angabe der Strahlungsenergie bei Linearbeschleunigern, wie sie in der Strahlentherapie eingesetzt werden. In der Megavolttherapie, die man zur Bestrahlung von Herden in der Beckenregion benutzen kann, arbeitet man z.B. mit Röntgenstrahlen der Energie von 20 bis 50 MeV (= Megaelektronenvolt).

Übrigens...

- Umrechnung Kalorien in Joule: 1 cal = 4,18 J.
- Umrechnung Elektronenvolt in Joule: 1 eV = $1{,}602 \cdot 10^{-19}$ J.

1.1.6 Zusammenhang zwischen Energie und Leistung

Besonders häufig wird der Zusammenhang zwischen **Energie oder Arbeit** und **Leistung** gefragt:

MERKE:
Leistung ist Energie oder Arbeit pro Zeit. Eine Leistungseinheit, die man mit einer Zeiteinheit multipliziert, ergibt eine Energieeinheit. Deshalb sind W · s (= elektrische Leistung mal Sekunde) oder auch kWh (= Kilowattstunde) Energie-Einheiten.

1.2 Vektoren

Vektorielle Größen haben zusätzlich zur Maßzahl und Einheit noch eine **Richtung**. Alle Größen, die man mit einem Pfeil aufzeichnen kann, sind daher Vektoren. Legt man z.B. auf einer Landkarte den Weg zwischen zwei Orten mit einem Pfeil von einem zum anderen Ort fest, hat man einen Vektor (den Wegvektor) eingezeichnet. Eine vektorielle Größe kennzeichnet man dadurch, dass man über ihr Symbol noch einen Pfeil zeichnet.
Beispiel: $\vec{a}$

1.2.1 Häufig gefragte vektorielle Größen

Vektoren sind z.B. der **Weg**, die **Geschwindigkeit**, die Beschleunigung, die Kraft, der Impuls, die **elektrische und magnetische Feldstärke** und das **Gewicht**, da Gewicht im physikalischen Sinne der **Gewichtskraft** entspricht. Der Vektor dieser Kraft zeigt direkt nach unten zum Erdmittelpunkt.

1.2.2 Parallelverschiebung von Vektoren

Häufig werden Vektoren in den Aufgaben als Vektorparallelogramme dargestellt, wobei angegeben werden soll, wie sich ein Vektor durch zwei andere Vektoren darstellen lässt.

Beispiel:
Ein einfaches Vektorparallelogramm:

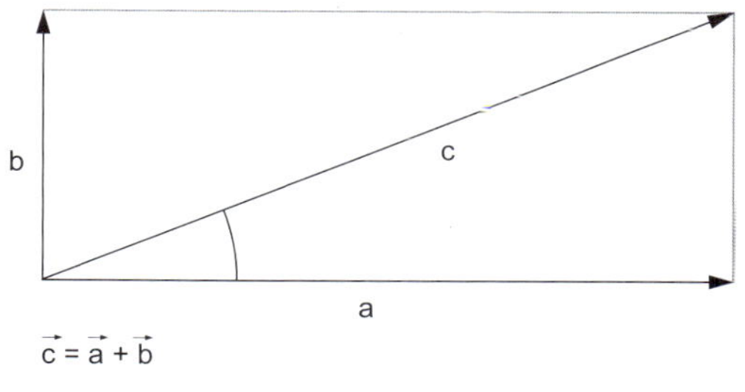

Abb. 1: Vektorparallelogramm

Zunächst fällt nicht sofort ins Auge, dass Vektor a und Vektor b im Ergebnis Vektor c bilden. Helfen kann man sich mit der Parallelverschiebung: Man darf Vektoren beliebig verschieben, wenn man dabei **die Richtung des Vektors NICHT ändert**. Vektor a könnte man also nach oben und unten verschieben, Vektor b nach links und rechts.

Verschiebt man Vektor b parallel nach rechts, entsteht folgendes Bild:

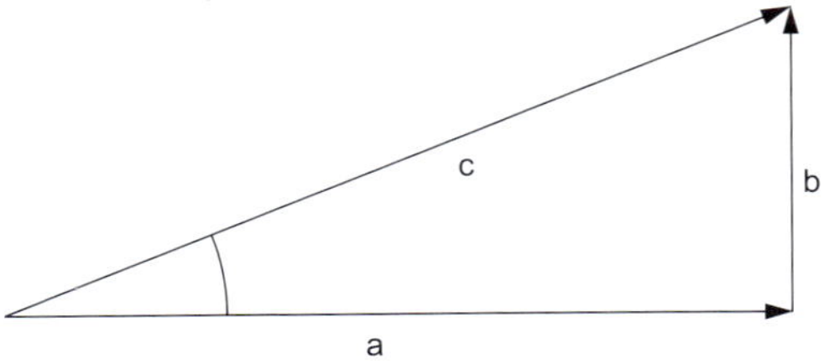

Abb. 2: Vektorparallelogramm nach Parallelverschiebung

Stellt man sich die Vektoren als Weg vor, dann würde man sich zunächst entlang Vektor a bewegen, dann entlang Vektor b. Und im Ergebnis käme man von einem Ort zu einem anderen. Allerdings würde man auch genau zum gleichen Ergebnis kommen, wenn man direkt den Weg von Vektor c genommen hätte. Daher lässt sich die Gleichung $\vec{a} + \vec{b} = \vec{c}$ aufstellen.

1.3 Skalare

Skalare sind **ungerichtete Größen**, also Größen, die keine Richtung haben (können). Dazu gehören z.B. Dichte, Zeit, Temperatur, Masse und Arbeit.

1.4 Fehler und Fehlerrechnung

Fragen zu Messfehlern und Messunsicherheiten werden in fast jedem Physikum gestellt.

Man kann Messfehler und Messunsicherheiten auf zwei Arten angeben:

- als den **absoluten Fehler** (= absolute Messunsicherheit) und
- als den **relativen Fehler** (= relative Messunsicherheit).

1.4.1 Absolute und relative Fehler

Absolute Fehler werden mit einem absoluten Fehlerintervall (hier ± 2 m) angegeben.
Beispiel: 20 m ± 2 m
Relative Fehler werden prozentual angegeben.
Beispiel: 20 m ± 10 %

Übrigens...

- Beide Angaben drücken das Gleiche aus: Der wahre Messwert kann zwischen 18 und 22 m liegen.
- Der relative Fehler hat KEINE Einheit.

1.5 Mittelwert und Standardabweichung

Den **Mittelwert** einer Messreihe bildet man, indem man alle Werte der Messreihe addiert und durch die Anzahl der Messungen dividiert:

Beispiel:
Messergebnisse: 10, 10, 8, 12, 13, 10, 7, 10
Aufaddiert ergibt das 80. Die Anzahl der Messungen ist 8 und der Mittelwert folglich 10.

Zusätzlich zum Mittelwert wird häufig noch die **Standardabweichung** angegeben. Die Formel der Standardabweichung lautet:

$$s = \sqrt{\frac{\sum (Xi - \overline{X})^2}{n - 1}}$$

MERKE:
Die Standardabweichung ist um so größer, je weiter die Einzelwerte der Messreihe vom Mittelwert der Messreihe abweichen und je mehr Werte vom Mittelwert abweichen.

Die Standardabweichung des Mittelwerts $\delta(\overline{x})$ ist ein Maß für die statistischen Schwankungen des Mittelwerts einer Messreihe. Sie entspricht der Standardabweichung von Einzelmessungen geteilt durch die Quadratwurzel der Anzahl der Messungen:

$$\delta(\overline{x}) = \frac{\delta(x)}{\sqrt{n}}$$

1.6 Rechnen mit 10er-Exponenten

An dieser Stelle kommt noch eine kurze Wiederholung der Rechnung mit dem 10er-Exponenten, da dieser sehr häufig in den Aufgaben des schriftlichen Physikums verwendet wird.

Beispiele:
- Bei der Multiplikation werden die Exponenten addiert: $3 \cdot 10^6 \cdot 10^3 = 3 \cdot 10^9$ (denn 6 + 3 = 9).
- Bei der Division werden die Exponenten subtrahiert: $\frac{3 \times 10^6}{10^3} = 3 \times 10^3$ (denn 6 – 3 = 3).
- Bildet man den Kehrwert, ändert sich das Vorzeichen des Exponenten: $\frac{1}{10^3} = 10^{-3}$

  (Aus dem Exponent +3 wird also -3).

DAS BRINGT PUNKTE

Fragen zu relativen Fehlern und Berechnungen von relativen Fehlern werden in fast jedem Physikum gefordert. In der Häufigkeit dahinter rangieren Fragen zu Vektoren, SI-Einheiten und abgeleiteten Größen. Was also sollte man unbedingt wissen, um sichere Punkte zu sammeln? Man sollte

- alle sieben SI-Basiseinheiten kennen,
- mit den wichtigsten abgeleiteten Größen (= Energie, Arbeit, Drehmoment und Leistung) vertraut sein,
- wissen, wie sich der relative Fehler mehrerer Größen bei Multiplikationen, Divisionen, Additionen und Subtraktionen auf die Ergebnisgröße auswirkt,
- aus einem Vektorparallelogramm eine Vektorgleichung ableiten können und
- wissen, welche Größen Vektoren und welche Größen keine Vektoren, sondern Skalare sind.

BASICS MÜNDLICHE

Welche Einheiten sind SI-Einheiten?
Länge [m], Zeit [s], Masse [kg], elektrische Stromstärke [A], Temperatur [K], Stoffmenge [mol], Lichtstärke [cd].

Was ist der Zusammenhang zwischen Leistung und Arbeit?
Leistung ist Arbeit geteilt durch Zeit.

Ist Gewicht ein Vektor?
Ja, Gewicht ist im physikalischen Sinne die Gewichtskraft und damit ein Vektor, der zum Erdmittelpunkt hin zeigt.

2 Mechanik

Zu diesem Kapitel wurden im Physikum bislang immer relativ viele Fragen gestellt. Es beinhaltet die weltbewegenden Themen:

- Weg, Geschwindigkeit und Beschleunigung (insbesondere in Form von Weg-Zeit-Diagrammen),
- Impuls und Kräfte,
- Arbeit und Energie,
- Druck,
- Strömung von Flüssigkeiten.

2.1 Geschwindigkeit, Weg, Beschleunigung

Die (mittlere) **Geschwindigkeit** (= v) ist der zurückgelegte Weg (= s) durch die benötigte Zeit (= t):

$$v = \frac{s}{t}$$

2.1.1 Weg-Zeit-Diagramm

Im **Weg-Zeit-Diagramm** ist die mittlere Geschwindigkeit **die Steigung** der Geraden vom Anfangs- zum Endpunkt. Zu unterscheiden davon ist die **momentane** Geschwindigkeit. Sie ist um so **größer**, je **steiler** die Kurve im Weg-Zeit-Diagramm ansteigt.

Übrigens...
Flache Abschnitte im Weg-Zeit-Diagramm (= solche ohne Steigung) haben die Geschwindigkeit: $0 [\frac{m}{s}]$

Die (mittlere) **Beschleunigung** (= a) ist die Geschwindigkeit (= v) pro Zeiteinheit (= t): $a = \frac{v}{t}$

Ein „Steilerwerden" im Weg-Zeit-Diagramm bedeutet dabei eine **positive Beschleunigung** (= Beschleunigen), ein Abflachen der Kurve eine **negative Beschleunigung** (= Bremsen).
Keine Kurve (= Gerade) bedeutet die Beschleunigung : $0 [\frac{m}{s}]$ oder anders ausgedrückt eine **konstante Geschwindigkeit**.

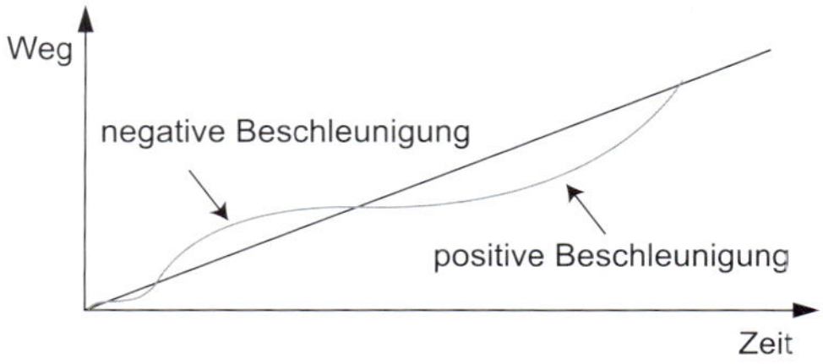

Abb. 3: Weg-Zeit-Diagramm

Übrigens...
Wen es interessiert: Das **Geschwindigkeits-Zeit-Diagramm** sieht nicht nur wie die erste Ableitung des Weg-Zeit-Diagramms aus, sondern sie ist es auch.

2.1.2 Beschleunigung, gleichförmig beschleunigte Bewegung, Fallbewegung

Bezogen auf den Weg, die Beschleunigung und die Geschwindigkeit sollte man sich für **gleichförmig beschleunigte** (= konstante Beschleunigung) **Bewegungen** folgende Formeln merken:

- $s = \frac{1}{2} a \cdot t^2$ und
- $v = a \cdot t$

Eine gleichförmig beschleunigte Bewegung ist z.B. die **Fallbewegung**, weil als Beschleunigung die Erdbeschleunigung **g** wirkt (= $9{,}81 [\frac{m}{s^2}]$).

Hier setzt man daher **g** statt **a** in die Formeln ein.
Für den **Weg s** gilt beim Fallen: $s = \frac{1}{2} g \cdot t^2$

und für die **Geschwindigkeit v:** $v = g \cdot t$

Übrigens...
Daran ist schön zu sehen, dass alle Körper gleich schnell fallen, egal wie schwer sie sind.

2.2 Impuls

Hat man nun einen Körper auf eine gewisse Geschwindigkeit beschleunigt, so besitzt er einen **Impuls**, der sich aus dem Produkt seiner Masse und der erreichten Geschwindigkeit errechnet:

Impuls: $p = m \cdot v$ Einheit: $[\frac{kg \cdot m}{s}]$

Für einen Impuls gilt der **Impulserhaltungssatz**, der besagt, dass in einem geschlossenen System **die Summe aller Impulse gleich bleibt**.

Beispiel:
Beim Zusammenstoß von zwei Körpern kann man diese Körper als geschlossenes System begreifen. Die Impulse der beiden Körper übertragen sich dabei, d.h. die Körper werden entsprechend ihrer Masse in ihre entgegengesetzte Bewegungsrichtung beschleunigt. Hier gilt: Je größer die Masse eines Körpers gegenüber der Masse des Stoßpartners ist, desto geringer ist seine entgegengesetzte Geschwindigkeit nach dem Zusammenstoß.

2.3 Kraft

Das 2. Newton-Axiom besagt: „Wirkt auf einen Körper der **Masse m** eine **Kraft F**, so erfährt er die **Beschleunigung a.**"

Das bedeutet: Wenn eine Kraft auf einen Körper einwirkt, wird er entweder beschleunigt oder abgebremst.

Kraft: $F = m \cdot a$

Einheit: $[\frac{kg \cdot m}{s^2}] = [N]$ **(= Newton)**

2.3.1 Gewicht, Gewichtskraft

Jeder Körper wird auf der Erde mit der Erdbeschleunigung **g** (s. 2.1.2) zur Erde hin gezogen; auf ihn wirkt also die **Gewichtskraft:** $G = m \cdot g$.
Die Gewichtskraft ist das, was im physikalischen Sinne als **Gewicht** bezeichnet wird. Daher ist **Gewicht auch ein Vektor**, der zum Erdmittelpunkt zeigt (s. 1.2, S. 3) und die physikalische Einheit für Gewicht ist nicht Kilogramm, sondern Newton.

Das 3. Newton-Axiom besagt „actio=reactio". Das bedeutet: Wirkt ein Körper mit einer bestimmten Kraft auf einen anderen, so wirkt der zweite Körper mit einer gleich großen, aber entgegengesetzten Kraft auf den ersten Körper zurück. F1 = – F2

Daher kann eine Kraft im statischen Gleichgewicht als Größe der Gegenkraft gemessen werden (= Prinzip der Balkenwaage).

2.3.2 Hooke-Gesetz, Federkraft

Das Hooke-Gesetz lautet: Die Auslenkung einer Feder ist im elastischen Bereich proportional zur Zugkraft an ihr. Die Deformation des elastischen Körpers (= der Feder) zeigt daher also die Kraft an (= Federwaage).

2.3.3 Auftrieb, Auftriebskraft

Eine weitere, gern gefragte Kraft ist die **Auftriebskraft** eines Körpers in einer Flüssigkeit. Sie ist gleich der Gewichtskraft des vom **Körper verdrängten Flüssigkeitsvolumens und wirkt entgegen der Gewichtskraft des Körpers** nach oben. Wenn ein Körper ganz eingetaucht ist, ist der Auftrieb des Körpers nur noch abhängig vom **Volumen** des Körpers (= verdrängtes Flüssigkeitsvolumen) und der **Dichte** der Flüssigkeit.

Die Größe der Auftriebskraft F_A, die ein Körper mit dem Volumen V_K in einer Flüssigkeit mit der Dichte p_{FL} erfährt, ist gleich der Gewichtskraft G_{FL} der vom Körper verdrängten Flüssigkeitsmenge (Archimedisches Prinzip):

$F_A = G_{FL} = m_{FL} \cdot g = p_{FL} \cdot V_K \cdot g$

Das Zusammenspiel der beiden entgegengesetzten Kräfte Auftriebskraft und Gewichtskraft stellt sich wie folgt dar:

- Wenn die Auftriebskraft gleich der Gewichtskraft des Körpers ist, schwebt der Körper in der Flüssigkeit.
- Wenn die Auftriebskraft größer ist, steigt er oder er schwimmt.
- Wenn die Auftriebskraft kleiner ist, sinkt er.

2.3.4 Kohäsions- und Adhäsionskräfte

Innerhalb eines Stoffes wirken die **Kohäsionskräfte** als **Anziehungskräfte zwischen gleichen Teilchen**, während die **Adhäsionskräfte** die **An-**

ziehungskräfte zwischen unterschiedlichen Teilchen (= Stoffen) sind. Adhäsionskräfte sind daher also die Kräfte, die an Grenzflächen wirken.

Mit diesen Kräften kann man auch das Verhalten von **benetzenden** und **nicht benetzenden** Flüssigkeiten beschreiben. Man stelle sich dazu eine Flüssigkeit in einem Glas vor:

- Wenn sie **benetzend ist**, überwiegen die Adhäsionskräfte und die Flüssigkeit **zieht sich etwas an der Glaswand hoch.**
- Wenn sie **nicht benetzend** ist (z.B. Quecksilber), fällt die Flüssigkeit zur Glaswand etwas ab, weil die Kohäsionskräfte stärker als die Adhäsionskräfte sind.

In **Kapillaren** (= engen Gefäßen) zieht sich eine benetzende Flüssigkeit durch die Adhäsionskräfte solange hoch, bis der Schweredruck der Flüssigkeit und die Grenzflächenspannung im Gleichgewicht sind, was man auch als **Kapillaraszension** bezeichnet. Für die Prüfung sollte man sich besonders merken, dass die Steighöhe dabei unabhängig von der Viskosität der Flüssigkeit ist.

Bei nicht benetzenden Flüssigkeiten wie Quecksilber resultiert eine **Kapillardepression**, d.h. der Flüssigkeitsspiegel sinkt in der Kapillare.

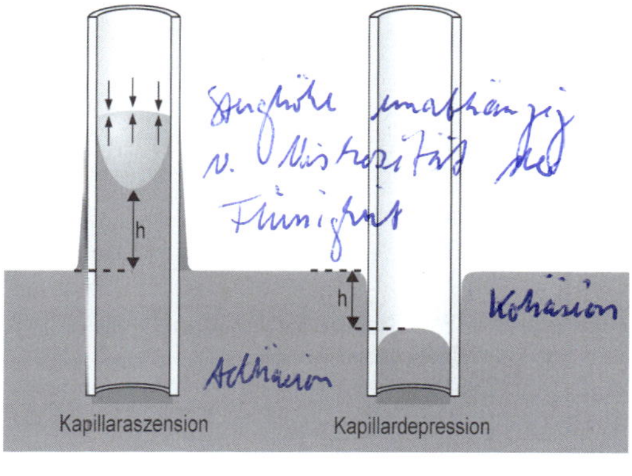

Abb. 4: Links Kapillaraszension, rechts Kapillardepression

Übrigens...

Das Quecksilberthermometer zeigt die Temperatur mit einem konvexen Flüssigkeitsspiegel (wie im Bild der Kapillardepression). Eben weil Quecksilber eine **nicht benetzende** Flüssigkeit ist, in der die Kohäsionskräfte stärker als die Adhäsionskräfte sind...

2.4 Kraftvektoren

Bei bestimmten Größen (z. B. Verschiebearbeit s. 2.6.1, S. 9 und Drehmoment s. 2.5) ist es wichtig, aus welcher RICHTUNG der Kraftangriff erfolgt. In den Prüfungsaufgaben wird zuweilen ein Kraftangriff unter einem bestimmten Winkel angegeben, aus dem der resultierende effektive Kraftvektor erst errechnet werden muss.

2.4.1 Rechnen mit rechtwinkligen Dreiecken

Um Kräfte und vor allem Kraftvektoren noch besser zu verstehen, machen wir jetzt einen kurzen Erinnerungsausflug in die Schulmathematik, genauer zur Berechnung von rechtwinkligen Dreiecken.

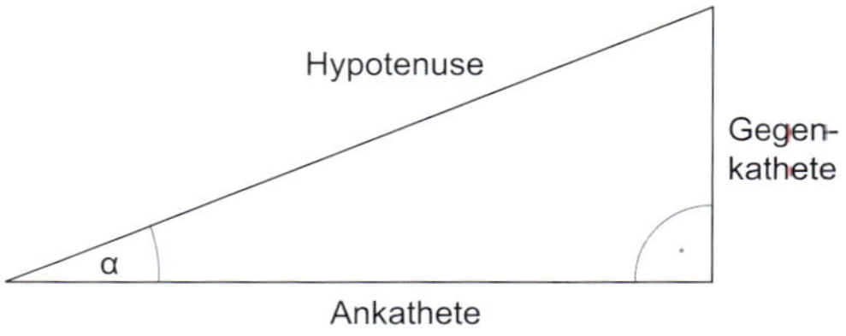

Abb. 5: Rechtwinkliges Dreieck

$$\sin\alpha = \frac{\text{Gegenkathete}}{\text{Hypotenuse}} \quad \text{und} \quad \cos\alpha = \frac{\text{Ankathete}}{\text{Hypotenuse}}$$

Wie aus den Formeln ersichtlich, können mit Hilfe des **Sinus/Cosinus** zwei Seiten eines rechtwinkligen Dreiecks berechnet werden, wenn eine Seite und ein Winkel (zusätzlich zum 90°-Winkel) bekannt sind. Dies wird z.B. benötigt, wenn Kräfte eine mechanische Bewegung bewirken, jedoch nicht im gleichen Winkel wie die Bewegung am entsprechenden Körper angreifen.

2.5 Drehmoment

Das Drehmoment **(= M)** ist definiert als **Produkt aus dem Abstand** vom Drehpunkt r und der angreifenden Kraft bzw. der **Kraftkomponente, die senkrecht** zum Hebelarm wirkt (= F_S).
Es gilt: $M = r \cdot F_S$.

Oft gefragt wird es in Zusammenhang mit Hebeln oder drehbar gelagerten Balken. Ein drehbar gelagerter Balken behält seine Position bei (= es herrscht ein Gleichgewicht), wenn die Drehmomente auf beiden Seiten des Balkens – also links und rechts – gleich sind. Dabei gilt: Länge des Balkens auf der linken Seite mal senkrecht (= im 90°-Winkel) angreifender Kraft = Länge des Balkens auf der rechten Seite mal senkrecht angreifender Kraft.

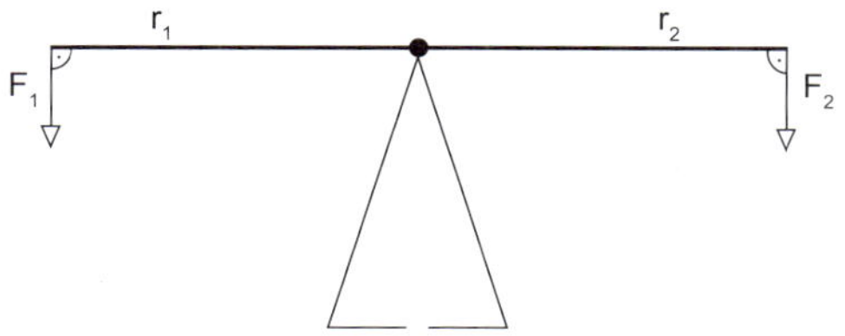

Der Balken behält seine Position, wenn das Produkt aus r_1 und F_1 gleich dem Produkt von r_2 und F_2 ist: Drehmoment nach links = Drehmoment nach rechts.

Abb. 6: Drehmomente am drehbar gelagerten Balken

Manchmal ist in den Aufgaben jedoch nicht eine senkrecht angreifende Kraft eingezeichnet, sondern eine Kraft, die in einem anderen Winkel α zum Hebelarm angreift. Hier muss die schräg angreifende Kraft dann mittels der Winkelsätze in eine senkrecht angreifende Kraft umgerechnet werden.

$F \cdot \sin \alpha$ ergibt den **Teilvektor** der Kraft, der **senkrecht zum Hebelarm** wirkt, nämlich F_S. Das hört sich etwas kompliziert an, aber hoffentlich kann die Zeichnung verdeutlichen, dass es gar nicht so schwierig ist:

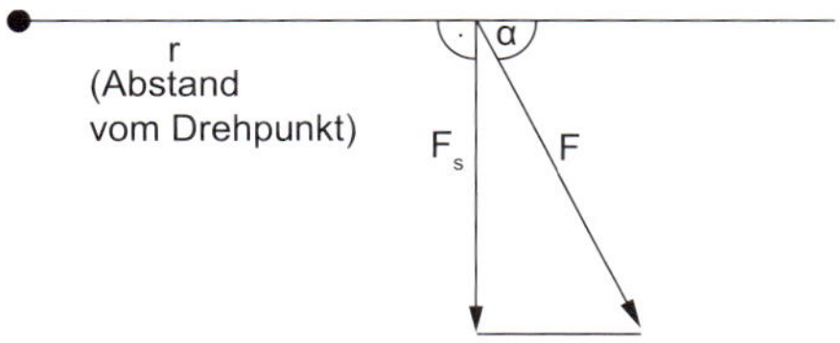

$M = r \cdot F_s$ oder $M = r \cdot F \cdot \sin \alpha$ Einheit: [Nm]

r = Abstand vom Drehpunkt in [m]
α = Winkel zwischen Kraft und Weg

Abb. 7: Drehmoment bei Kraftangriff im Winkel α zum Hebelarm

2.6 Arbeit

Insbesondere zur Hubarbeit (s. 2.6.2, S. 10), aber auch zur Verschiebearbeit (s. 2.6.1) werden sehr gerne und sehr viele Fragen in den Prüfungen gestellt – was nicht ungünstig ist, denn eigentlich ist die physikalische Arbeit nicht so kompliziert, wie sie zunächst aussieht...

2.6.1 Verschiebearbeit

Verschiebt man einen Körper entlang einer Strecke und greift dazu mit einer Kraft in einem bestimmten Winkel an (z.B. bei einem Leiterwagen), so ist die **effektive** (= die zur Strecke **parallele**) Kraft die Ankathete der angreifenden Kraft, also: $F = F \cdot \cos \alpha$

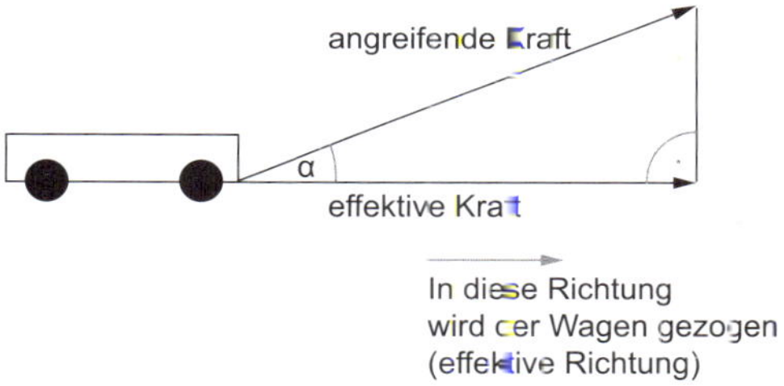

Abb. 8: Kraftvektoren bei der Verschiebearbeit

Die **Verschiebearbeit (= W)** ist definiert als **Produkt aus Kraft und Weg. Oder noch genauer, als das Produkt aus der Kraft, die in Wegrichtung wirkt (= effektive Kraft) mal dem Weg.** Alle anderen Kraftrichtungen sind demnach nutzlose (= für die Verschiebearbeit wirkungslose) Kraft.
Hier kommt also wieder die effektive Kraft aus dem Beispiel mit dem Leiterwagen ins Spiel: Um die geleistete Arbeit zu ermitteln, muss man jetzt nur die errechnete effektive Kraft mit der zurückgelegten Strecke multiplizieren:

$W = F \cdot s$ oder genauer: $W = F \cdot s \cdot \cos \alpha$
Einheit: [J] (Joule) = [Nm]
α = Winkel zwischen Kraft und Weg

2.6.2 Hubarbeit, Beschleunigungsarbeit

Hier noch einige Beispiele für weitere wichtige physikalische Arbeiten:

Beim Hochheben eines Körpers verrichtet man Hubarbeit gegen die Gewichtskraft.
$W = G \cdot \Delta h = m \cdot g \cdot \Delta h$

Δh = Die Höhenänderung,
m = Masse des Körpers,
g = Erdbeschleunigung = 9,81m/s^2

Beim Beschleunigen eines Körpers verrichtet man Beschleunigungsarbeit gegen die Reibungskraft.

$$W = \frac{1}{2} \cdot m \cdot \Delta v^2$$

Δv = Geschwindigkeitsänderung
m = Masse der Körpers

2.7 Energie

Energie (= E) kann man als gespeicherte Arbeit beschreiben. Energie hat daher auch dieselbe Einheit wie Arbeit.
Hier ein Beispiel für die Beziehung von Arbeit zu Energie:
Wenn man einen Körper hochhebt, leistet man Hubarbeit (s. 2.6.2). Wenn er nach dem Heben auf einer bestimmten Höhe ist, leistet man keine Arbeit mehr, da sich die Höhe ja nicht mehr ändert. Dafür besitzt der Körper jetzt Energie, die durch das Hochheben erzeugt wurde. Diese Energie bezeichnet man auch als **Lageenergie =** potentielle Energie. Da Arbeit und Energie physikalisch gesehen nicht verloren gehen, ist die Lageenergie die gespeicherte Arbeit des Hochhebens.

Potentielle Energie: $E = G \cdot h = m \cdot g \cdot h$
Einheit: [J] (Joule) = [Nm]
h = die Höhe (NICHT Höhenänderung, wie gerne mal als Antwortmöglichkeit angeboten wird)

Für beschleunigte Körper gilt analog, dass sie nach der Beschleunigung **Bewegungsenergie** = kinetische Energie haben:

Kinetische Energie: $E = \frac{1}{2} \cdot m \cdot v^2$
v = Geschwindigkeit

2.7.1 Energieerhaltungssatz

Der **Energieerhaltungssatz** besagt, dass in einem abgeschlossenen System die **Summe aller Arbeiten und Energien konstant bleibt.** Es geht also nichts verloren, die Energien werden nur in verschiedene Formen umgewandelt.

2.7.2 Energien beim Fadenpendel

Gerne gefragt wird in Zusammenhang mit dem Energieerhaltungssatz nach den potentiellen und kinetischen Energien beim Fadenpendel im zeitlichen Verlauf der Schwingung des Pendels.
Bei der **ungedämpften Schwingung** des Fadenpendels gilt: Die Summe aus potentieller und kinetischer Energie ist stets konstant. Maximale potentielle Energie hat ein Fadenpendel am Punkt des maximalen Ausschlags, hier ist die kinetische Energie = 0. Das leuchtet sicherlich auch ein, wenn man bedenkt, dass das Pendel ja einen ganz kurzen Moment still steht, bevor es seine Richtung wieder ändert. Umgekehrt hat das Pendel seine maximale kinetische Energie in der Ruhelage, in der die potentielle Energie folglich null ist.

2.8 Druck

Der (Auflagen-)Druck (= p) ist definiert als die **Kraft**, die **pro Oberfläche** wirkt:

$$p = \frac{F}{A}$$

Druck kann in verschiedenen Einheiten angegeben werden (s. 1.1.4, S. 3), die heute eigentlich gültige ist **Pascal**, abgekürzt **Pa.**

2.8.1 Hydrostatischer Druck

Der **hydrostatische Druck** ist der Schweredruck einer Flüssigkeit, d.h. der Druck einer Flüssigkeitssäule über einem bestimmten Punkt. Ein solcher Punkt ist z.B. ein Taucher: Je tiefer der Taucher taucht, desto größer ist der Schweredruck, der auf ihn wirkt (in Form einer linearen = einer Geradenfunktion). Der hydrostatische Druck ist dabei NUR abhängig von der **Eintauchtiefe**, der **Dichte** einer Flüssigkeit und der **Erdbeschleunigung g.**

MERKE:
Hydrostatischer Druck: $p = \Delta h \cdot \rho \cdot g$
Δh = Eintauchtiefe bzw. Höhe einer Flüssigkeitssäule;
ρ = Dichte der Flüssigkeit; g = Erdbeschleunigung.

Pro 10 m Wassertiefe steigt der hydrostatische Druck **um 1 bar** (1 bar entspricht ungefähr 10^5 Pascal). Wenn ein Taucher in **20 m Wassertiefe** taucht, lasten also insgesamt **2 bar hydrostatischer Druck** (Tauchtiefe in Metern durch 10 ergibt den hydrostatischen Druck in bar) und **1 bar Luftdruck** auf ihm, insgesamt beträgt der auf ihm lastende Druck damit 3 bar.

Übrigens...

Wichtig ist der hydrostatische Druck nicht nur für das Tauchen, auch in der alltäglichen Medizin findet er seine praktische Anwendung. Hängt z. B. eine Infusionsflasche 0,5 m über dem Patienten und die Infusion will nicht recht laufen, so kann man die Höhe auf 1 m vergrößern. Mit dieser Höhenänderung hat man die Höhe der Flüssigkeitssäule und damit auch den hydrostatischen Druck als Antrieb der Infusion verdoppelt.

2.8.2 Schubspannung
Die Schubspannung, auch Scherspannung genannt, stellt ebenso wie der Druck eine Kraft auf eine bestimmte Fläche dar und hat deshalb auch die gleiche Einheit wie der Druck:

$$\text{Pascal} = \frac{N}{m^2}$$

2.9 Strömung von Flüssigkeiten
Die **Stromstärke** (= Flüssigkeitsmenge pro Zeit) ist in einem geschlossenen unverzweigten System an allen Stellen gleich; sonst gäbe es ja Stau...
Daraus folgt, dass die **Strömungsgeschwindigkeit** der Flüssigkeit **um so größer wird, je kleiner der Rohrquerschnitt ist.**

2.9.1 Kontinuitätsgleichung
In **unverzweigten Röhren**, die sich im Durchmesser ändern, gilt die **Kontinuitätsgleichung**, die besagt:
Die Strömungsgeschwindigkeit vergrößert sich genau in dem Verhältnis, in dem die Querschnittsfläche kleiner wird und umgekehrt:
$A_1 \cdot v_1 = A_2 \cdot v_2$

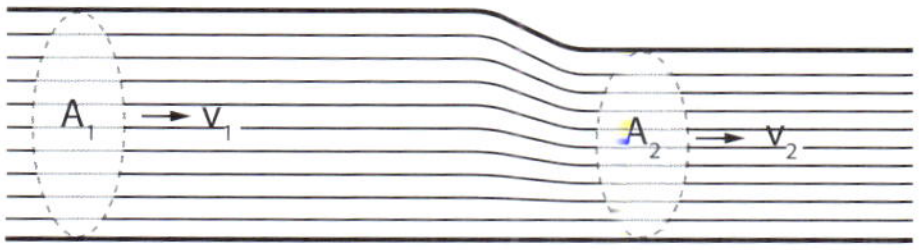

Abb. 9: Änderung der Strömungsgeschwindigkeit in einer unverzweigten Röhre

2.9.2 Volumenenergie
Durch eine höhere Strömungsgeschwindigkeit wird die **kinetische Energie der Flüssigkeit größer** (s. 2.7, S. 10), wobei die **Volumenenergie** ($W = p \cdot V$; p = Druck, V = Volumen) **abnimmt**, da die Summe aus kinetischer Energie und Volumenenergie gleich bleibt, wenn man die Reibungsverluste vernachlässigt ($E_{kin} + E_{Volumen}$ = konst., s. 2.7.1, S. 10). Die Volumenenergie wird dadurch kleiner, dass der **Druck p** an Engstellen abfällt.

Zur Erläuterung soll folgendes Beispiel dienen: Hält man einen Gartenschlauch am Ende fast zu, spritzt das Wasser viel weiter als vorher. Dies liegt daran, dass die **Strömungsgeschwindigkeit** an dieser Engstelle zunimmt (= die einzelnen Wassermoleküle haben eine sehr viel höhere Geschwindigkeit und fliegen weiter). Der **Druck** nimmt hier (anders als vermutet) jedoch stark ab (!), insbesondere durch die viel höhere Reibung an der Engstelle.
In der Realität treten Reibungsverluste natürlich auf. Deshalb fällt der „reale" Druck auch bei gleichbleibender Gefäßgröße mit zunehmender Strömungsstrecke ab. Das liegt daran, dass durch die innere Reibung (= Kohäsionskräfte) bei Flüssigkeitsströmungen ein Strömungswiderstand erzeugt wird, der durch Druck überwunden werden muss. Bleibt der Widerstand unabhängig vom Druck konstant, spricht man von einer Newton-Flüssigkeit.
Bei Flüssigkeiten wirken aber nicht nur Kohäsionskräfte, sondern auch Adhäsionskräfte zur Rohrwand. Dadurch strömt die Flüssigkeit in der Mitte eines Rohres schneller als außen in der Nähe der Rohrwand. Solche Strömungen, bei denen benachbarte Flüssigkeitsschichten – **ohne Verwirbelungen** – parallel unterschiedlich schnell strömen, nennt man **laminare Strömungen.**

MERKE:
- In unverzweigten Röhren nimmt an Engstellen die Strömungsgeschwindigkeit zu und der Druck fällt ab.
- Strömungen, bei denen benachbarte Flüssigkeitsschichten – ohne Verwirbelungen – parallel unterschiedlich schnell strömen, nennt man laminare Strömungen.

2.9.3 Laminare Strömung

In der Mitte der Röhre strömt die Flüssigkeitam schnellsten (= am wenigsten Reibung),ganz außen am langsamsten. Laminar ist dieStrömung, wenn alle unterschiedlich schnellen Flüssigkeitsschichten ohne Verwirbelungen nebeneinander strömen.

Abb. 10: Laminare Strömung

2.9.4 Gesetz von Hagen-Poiseuille

Mit dem **Hagen-Poiseuille-Gesetz** kann man aus verschiedenen Parametern die Stromstärke einer Flüssigkeit berechnen. Es gilt aber
- nur für laminare Strömungen in kreisrunden starren Röhren mit konstantem Radius und
- nur für homogene Newton-Flüssigkeiten. Benetzung spielt hier keine Rolle.

Die Formel lautet: $I = \frac{\Delta p}{R} = \frac{r^4 \cdot \pi}{8 \cdot \eta \cdot l} \cdot \Delta p$

Übrigens...

Der **Radius r** geht mit dem **Exponenten 4** in die Berechnung der Stromstärke ein, alle anderen Größen nur einfach. Eine Verdopplung des Radius oder des Durchmessers einer Röhre hat daher eine Versechzehnfachung der Stromstärke I zur Folge! ($2^4 = 16$).

Aus der oberen Formel lassen sich auch **Strömungswiderstand** $R = \frac{8l\eta}{\pi r^4}$

und der dazu reziproke **Strömungsleitwert** ableiten. $G = \frac{\pi r^4}{8l\eta}$

DAS BRINGT PUNKTE

In praktisch jedem Physikum gibt es Fragen zum Drehmoment. Sehr häufig werden auch die Energien (insbesondere beim Fadenpendel), hydrostatischer Druck, Hubarbeit, die Kontinuitätsgleichung und das Gesetz von Hagen-Poiseuille gefragt.
Daher sollte man – um erfolgreich Punkte zu sammeln – unbedingt wissen,
- wie das Drehmoment definiert ist und mit den Drehmomenten rechnen können.
- wie man den hydrostatischen Druck, der auf einem Taucher lastet, ausrechnet.
- wie sich die Strömungsgeschwindigkeit verhält, wenn eine flüssigkeitsdurchströmte Röhre im Verlauf ihren Durchmesser ändert.
- wie der zeitliche Verlauf der potentiellen und kinetischen Energie beim Fadenpendel aussieht und ihn erklären können.
- wie die Hubarbeit ausgerechnet wird.
- wie das Gesetz von Hagen-Poiseuille lautet und was bei einer Verdopplung des Röhrenradius passiert (= Versechzehnfachung der Stromstärke).

BASICS MÜNDLICHE

Wie ist das Drehmoment definiert?
Produkt aus Länge des Hebelarms und der senkrecht angreifenden Kraft.

Welcher hydrostatische Druck lastet auf einem Taucher in 20 m Wassertiefe?
2 bar hydrostatischer Druck. Der Gesamtdruck, der auf dem Taucher lastet, liegt allerdings bei 3 bar, da auf dem Wasser selbst ja noch der Luftdruck mit 1 bar lastet, der noch hinzuaddiert werden muss.

Wie ändert sich die Strömungsgeschwindigkeit in einer flüssigkeitsdurchströmten Röhre, wenn die Querschnittsfläche halbiert wird?
Die Strömungsgeschwindigkeit verdoppelt sich.

Wenn ein Körper der Masse 10 kg um 10 m angehoben wird, wird wie viel Hubarbeit dabei verrichtet?
10 kg · 10 m · g (~ 10 m/s²) = 1.000N.

Was ist eine laminare Strömung?
Eine laminare Strömung ist eine Flüssigkeitsströmung (oder Gasströmung), bei der keine Turbulenzen (= Verwirbelungen) auftreten.

Übrigens...
Auch im menschlichen Gefäßsystem gibt es an bestimmten Stellen eine laminare Strömung: Im Bereich der Endarterien, wo Sauerstoff aus dem Blut ans Gewebe abgegeben wird.

NACH SO VIEL TURBULENZEN WIRD ES ZEIT, RUHE ZU GEWINNEN. IHR HABT EUCH EINE PAUSE VERDIENT.

3 Struktur der Materie

Zu dieser Thematik werden in der Physik nur wenige Fragen gestellt. Meist dreht es sich dabei um den Aufbau von Atomen, um die symbolische Schreibweise für Atomkerne mit Massen- und Ordnungszahl und um Isotope. In diesem Abschnitt geht es deshalb um

- den Aufbau eines Atoms,
- die Begriffe Ordnungszahl, Protonenzahl, Massenzahl, Neutronenzahl,
- spezielle Teilchen und
- Isotope.

3.1 Aufbau der Atome und Atomkerne

Zunächst eine kurze Wiederholung zum Aufbau der Atome: Atome bestehen aus einer Hülle und einem Kern. Im **Kern** befinden sich die **Protonen (= positiv geladen)** und die **Neutronen (= ungeladen)**. In der **Hülle** kreisen die **Elektronen (= negativ geladen)**.
Protonen und Neutronen nennt man zusammen **Nukleonen** (= Kernteilchen).
Was das Gewicht betrifft, haben Protonen und Neutronen die Ruhemasse 1, Elektronen wiegen dagegen fast nichts.
Betrachtet man die Ladung, so sind Protonen und Elektronen mit einer Ladung gleichen Betrages – der **Elementarladung 1,6 · 10^{-19}[As] – aber unterschiedlichen Vorzeichens** geladen.

3.1.1 Masse und Ladung der Bauteile eines Atoms

	Ruhemasse:	Ladung:
Protonen	1	+ 1,6 · 10^{-19} [As]
Elektronen	1/2000 der Ruhemasse eines Protons – also fast keine	– 1,6 · 10^{-19} [As]
Neutronen	1	0

Tabelle 4: Ruhemassen und Ladung der Elementarteilchen

Übrigens...
Ein interessanter Effekt ist, dass sich die Masse der Teilchen abhängig von der Geschwindigkeit der Teilchen ändert – deshalb auch der Begriff Ruhemasse (= Masse bei Geschwindigkeit 0 [m/s]). Es gilt: Je größer die Geschwindigkeit, desto größer die Masse. Werden Elektronen auf Geschwindigkeiten nahe der Lichtgeschwindigkeit beschleunigt (z.B. mit 10 MeV - Linearbeschleunigern, die in der Medizin zur Strahlentherapie eingesetzt werden), ist ihre Masse 20 mal so groß wie ihre Ruhemasse.

3.1.2 Ordnungszahl, Protonenzahl, Massenzahl, relative Atommasse

Die **Ordnungszahl** eines Elements ist **gleich seiner Protonenzahl.** Die **Massenzahl** setzt sich aus der Zahl **Protonen + Neutronen** zusammen. Elemente mit gleicher Massenzahl haben also die gleiche Anzahl von Nukleonen. Ein Synonym für die Massenzahl ist die **relative Atommasse.**
Die **Massenzahl** steht **links oben** neben dem Elementnamen: ^{12}C. Wird die **Ordnungszahl (= Protonenzahl)** mit angegeben, schreibt man diese **links unten** neben den Elementnamen. Für den Kern eines Heliumisotops, bestehend aus zwei Protonen und einem Neutron, würde sich also folgende Schreibweise ergeben: $^{3}_{2}He$

3.1.3 Neutronenzahl

Die Anzahl der Neutronen eines Atoms oder Atomkerns kann wie folgt berechnet werden:
Neutronenzahl = Massenzahl – Ordnungszahl (= Protonenzahl).

3.1.4 Alpha-Teilchen

Ein Alpha-Teilchen ist ein zweifach positiv geladener Heliumkern, bestehend aus 2 Protonen und 2 Neutronen. Damit ist seine Atommasse 2 Protonen + 2 Neutronen = 4, die Ordnungszahl wegen der zwei Protonen gleich 2. Damit lautet die symbolische Schreibweise des Alpha-Teilchens: ${}^{4}_{2}He^{2+}$

Alpha-Teilchen entstehen beim Alpha-Zerfall (s. 8.2.1, S. 40).

3.1.5 Deuteron

Ein Deuteron besteht aus einem Neutron und einem Proton. Damit ist dieser Kern ein **Isotop** (s. 3.1.9) des Wasserstoffs. Seine symbolische Schreibweise lautet ${}^{2}_{1}H^{+}$

3.1.6 Positron

Ein Positron ist ein positives Elektron. Es ist wie ein Proton positiv geladen, hat dabei aber die Masse eines Elektrons (~ 0) und entsteht beim β^{+}-Zerfall (s. 8.2.2, S. 40).

3.1.7 Ruhemasse verschiedener Teilchen

Besonders gerne wird im Physikum nach den Ruhemassen verschiedener Teilchen gefragt und hierbei vor allem nach der Ruhemasse der Alpha-Teilchen (s. 3.1.4).

Teilchen	Ruhemasse
α-Teilchen	4
Deuteron	2
Neutron	1
Proton	1
Elektron	~ 0
Positron	~ 0

Tabelle 5: Ruhemassen häufig gefragter Teilchen

3.1.8 Nuklide

Ein Nuklid ist ein Atom(kern) mit einer bestimmten Protonen- und Neutronenzahl (= bestimmten Ordnungs- und Massenzahl).

3.1.9 Isotope

Zwei Nuklide bezeichnet man als Isotope, wenn sie die **gleiche Protonenzahl**, aber eine **unterschiedliche Neutronenzahl** besitzen. Damit haben diese Atome eine verschiedene relative Atommasse, aber die gleiche Kernladungszahl. Eine Tatsache, die in beinahe jedem Physikum gefragt wird.

Isotope sind also **gleiche Elemente unterschiedlicher Masse**, z.B. ${}^{12}C$ und ${}^{13}C$. Isotope besitzen daher NICHT die gleiche Anzahl von Nukleonen.

DAS BRINGT PUNKTE

Aus diesem Kapitel sind Fragen zu den Begriffen Isotop und Ruhemasse die Physikumslieblinge.
Unbedingt merken sollte man sich daher, dass

- Isotope die gleichen Ordnungszahlen/Kernladungszahlen, aber unterschiedliche Atommassen haben.
- das Alpha-Teilchen ein Helium-Kern mit 2 Protonen und 2 Neutronen ist, mit der Atommasse 4. Von den bisher gefragten Teilchen ist das Alpha-Teilchen **das schwerste** Teilchen.

Ebenfalls häufig werden symbolische Schreibweisen erfragt. Hierbei sollte man sich merken, dass die Massenzahl (= Zahl der Protonen und Neutronen) links oben neben dem Elementsymbol steht, die Ordnungszahl (= Zahl der Protonen) links unten: z.B. Kohlenstoff mit 6 Protonen, 6 Neutronen und der Atommasse 12, also: ${}^{12}_{6}C$.

BASICS MÜNDLICHE

Was ist ein Isotop?

Zwei Nuklide bezeichnet man als Isotope, wenn sie die gleiche Protonenzahl, aber eine unterschiedliche Neutronenzahl besitzen. Damit haben sie eine verschiedene relative Atommasse, aber die gleiche Kernladungszahl. (Fortsetzung auf S. 17)

VIP-Faxantwort

Fax-Hotline: 02 21/1 48-2 14 42

Informieren Sie mich bitte zu den folgenden Themen:

☐ **Versicherungsschutz für Auslandsaufenthalte**

☐ Länderinformationen für Auslandsaufenthalte. Land: ____________________

☐ **Absicherung bei Berufsunfähigkeit**

☐ **Haftpflichtversicherung**

☐ Vorklinik ☐ Klinik ☐ Famulatur

☐ **Seminarangebote rund um Prüfungsvorbereitung, Bewerbung und Karriere**

☐ **Sonstiges:** ____________________

Name/Vorname ____________________ Straße/Ort ____________________

Telefon ____________________ Fax ____________________

E-Mail ____________________ Universität ____________________ Semester ____________________

Ich wünsche eine persönliche Beratung. Bitte melden Sie sich zwecks Terminvereinbarung am günstigsten in der Zeit von ________ Uhr bis ________ Uhr unter der vorgenannten Rufnummer.

Datum ____________________ Unterschrift ____________________

Deutsche Ärzte Finanz
Beratungs- und Vermittlungs-AG
Colonia Allee 10–20 · 51067 Köln
Telefon: 02 21/1 48-3 23 23
Telefax: 02 21/1 48-2 14 42
E-Mail: service@aerzte-finanz.de
www.aerzte-finanz.de

DEUTSCHE ÄRZTE FINANZ

Was sind Ordnungszahl und Massenzahl?
Die Ordnungszahl eines Elements ist gleich seiner Protonenzahl. Die Massenzahl setzt sich aus der Zahl der Protonen und Neutronen zusammen. Elemente mit gleicher Massenzahl haben die gleiche Anzahl von Nukleonen. Ein Synonym für die Massenzahl ist die relative Atommasse.

Was ist ein Alpha-Teilchen?
Ein Alpha-Teilchen ist ein Helium-Kern, bestehend aus 2 Protonen und 2 Neutronen. Damit ist seine Atommasse 2 Protonen + 2 Neutronen = 4.

4 Wärmelehre

Dieser Abschnitt beschäftigt sich mit der Temperatur, der Brown-Molekularbewegung, der spezifischen Wärmekapazität – zu der gerne Rechenaufgaben gestellt werden – und dann noch mit dem Verhalten idealer und realer Gase unter verschiedenen Bedingungen. Insgesamt ein mittelgroßes und dankbares, weil nicht ganz so kompliziertes Kapitel.

4.1 Temperatur

Die Temperatur wird in unseren Breiten üblicherweise in Grad Celsius gemessen. (Gefrierpunkt des Wassers = 0° C, Siedepunkt des Wassers = 100° C). In der Wärmelehre wird jedoch die Temperaturskala nach **Kelvin** mit der **Einheit Kelvin [K]** verwendet.
0 K sind die niedrigste Temperatur, d.h. der absolute Nullpunkt. Er entspricht - 273° C.
Die Umrechnung Celsius – Kelvin lautet:
Kelvin= °Celsius + 273

Übrigens...
Wenn in den Physikumsfragen Temperaturangaben erscheinen, die mit der Ziffer 7 enden (z.B. 27°C, 57°C) müssen diese Temperaturangaben in der Regel in die Temperatureinheit Kelvin umgerechnet werden, um zur richtigen Lösung zu kommen. Addiert man zu solchen Temperaturangaben 273 dazu, ergeben sich ja auch immer schön gerade Zahlen, wie 300 Kelvin, oder 330K...

4.1.1 Temperaturabhängige Eigenschaften von Stoffen

MERKE:
- Die Temperatur ist ein Maß für die Wärmeenergie eines Stoffes, selbst aber KEINE Energieform.
- Die Temperatur ist unabhängig von der Masse einer Flüssigkeit.

Zur **Temperaturmessung** können verschiedene **temperaturabhängige Eigenschaften** von Stoffen verwendet werden. Dazu gehören:
- Die **Längenausdehnung**: Bei bestimmten Stoffen nimmt deren Länge proportional zur Temperaturerhöhung zu.
- Die **Volumenausdehnung**: Das Volumen bestimmter Stoffe nimmt in Abhängigkeit von der Temperatur zu. Dieses Prinzip wird in Flüssigkeitsthermometern benutzt.
- **Änderung des elektrischen Widerstandes**: Bei manchen Stoffen ändert sich deren elektrischer Widerstand in Abhängigkeit von der Temperatur. Ähnlich, aber doch etwas anders funktionieren übrigens die Thermoelemente in elektrischen Thermometern: Sie erzeugen eine Spannung proportional zur Temperatur.

4.2 Wärmekapazität, spezifische Wärmekapazität

Die Definition der Wärmekapazität (= C) lautet: Die Wärmemenge, die man einem Körper zuführt, um eine Erwärmung um 1 K zu erreichen:

$$C = \frac{\Delta Q}{\Delta T} \qquad \text{Einheit} = \left[\frac{J}{K}\right] \left(\frac{\text{Joule}}{\text{Kelvin}}\right)$$

ΔQ = Wärmemenge, ΔT = Temperaturerhöhung

Hiervon leitet sich die **spezifische Wärmekapazität** ab:

$$C_{spez} = \frac{\text{Wärmekapazität}}{\text{Masse}} = \frac{\Delta Q}{\Delta T \cdot m}$$

$$\text{Einheit:} \left[\frac{J}{K \cdot kg}\right] \left(\frac{\text{Joule}}{\text{Kelvin} \cdot kg}\right)$$

Diese Größe beschreibt, wie viel Energie pro kg (= Masse) eines Stoffes nötig ist, um den Stoff um 1 Kelvin oder 1 °C zu erwärmen. Genauso beschreibt die Größe natürlich auch den umge-

kehrten Vorgang: nämlich wie viel Energie beim Abkühlen pro kg und pro Kelvin oder °C frei wird.
Spezifische Wärmekapazität einiger Stoffe:

Substanz	Spez. Wärmekapazität $[J \cdot K^{-1} \cdot kg^{-1}]$
Blei	130
Eisen	448
Alum nium	898
Eis	2.090
Wasser	4.187
Wasserdampf	1.960
Wasserstoffgas	14.250

Tabelle 6: Spezifische Wärmekapazität verschiedener Substanzen

Übrigens...

Besonders wichtig ist hier die spezifische Wärmekapazität von Wasser, da es in den Physikumsaufgaben in der Regel um Erwärmung oder Abkühlung von Wasser geht. Es reicht, sich die Wärmekapazität mit 4.200 J / [K • kg], dies entspricht 4,2 kJ / [K • kg], als Wert zu merken.

4.3 Thermischer Ausdehnungskoeffizient

Der **thermische Ausdehnungskoeffizient** beschreibt die Volumenzunahme einer bestimmten Flüssigkeit bei Erwärmung. Hier gilt: Je größer der Koeffizient, desto größer die Volumenzunahme bei Erwärmung.

4.4 Wärmeleitung

Es gibt verschiedene Möglichkeiten, **Wärme zu transportieren**. Bei der **Wärmeleitung** überträgt ein Körper Wärme auf einen anderen über einen Wärmeleiter (z.B. Metall, Wasser oder auch Luft). Dies ist auch das Prinzip beim Kochtopf.
Transportiert ein Medium Wärme durch Bewegung (z.B. strömende Gase oder Flüssigkeiten, die die Wärme an kalten Orten abgeben), nennt man das **Konvektion**. Außerdem kann Wärme in Form von Strahlung übertragen werden, was man dann passenderweise als **Wärmestrahlung** bezeichnet. Die **Wärmestrahlung** ist eine elektromagnetische Strahlung, die KEIN Medium braucht. **Jeder Körper strahlt** Wärmestrahlung ab. Je höher die Temperatur des Körpers, desto intensiver wird die abgestrahlte Strahlung. Die Strahlung steigt dabei proportional $\mathbf{T^4}$ (T = Temperatur).

4.5 Diffusion

Bringt man zwei Gase oder Flüssigkeiten zusammen, verteilen sich die einzelnen Teilchen so, dass überall die gleiche Teilchenkonzentration herrscht. Die Ursache der Diffusion ist die **thermische** Brown-Molekularbewegung. Die Diffusion läuft dabei immer **vom Ort der höheren zum Ort der niedrigeren Konzentration** hin. Die **Diffusionsgeschwindigkeit** sinkt mit zunehmender Masse der Teilchen (= Molekeln) und wächst mit zunehmendem Konzentrationsunterschied (= Konzentrationsgradienten) und zunehmender Temperatur.
An **semipermeablen Membranen** (= sind nur für das Lösungsmittel durchgängig) strömt das Lösungsmittel, in dem die Teilchen gelöst sind (z.B. Wasser), zum Ort der höheren Konzentration, was man dann **Osmose** nennt.

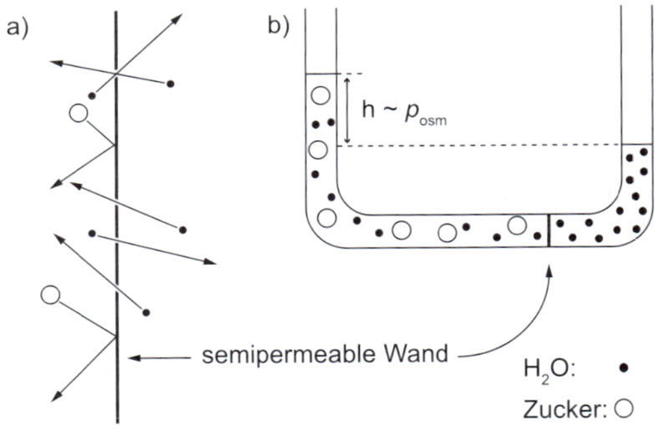

Abb. 11: Osmose

4.6 Gase

Als Gas wird eine Substanz bezeichnet, die bei einer Temperatur von 20°C in gasförmiger Form vorliegt.

4.6.1 Gasdruck

Der Gasdruck (= p) eines – in ein bestimmtes Volumen eingeschlossenen – Gases wird durch die Stöße der Teilchen auf die Wand des Behälters verursacht, genauer gesagt durch die dabei erfolgende **Impulsübertragung**. Damit ist sicherlich leicht nachzuvollziehen, dass der Druck p proportional zur **mittleren kinetischen Energie** E_K (= der durchschnittlichen Bewegungsenergie aller Gasteilchen) ist: $p \sim E_k$

Ursache der Teilchenbewegung und damit der kinetischen Energie ist die **Brown-Molekularbewegung** der Moleküle eines Gases. Da die Beweglichkeit der Teilchen mit der Temperatur zunimmt, ist die kinetische Energie der Gasteilchen natürlich um so größer, je höher die Temperatur ist.

4.6.2 Ideale Gase

Ideale Gase sind definiert als Gase **ohne zwischenmolekulare Wechselwirkungskräfte und ohne Eigenvolumen der Gasteilchen.** Ideale Gase sind damit ein theoretisches Konstrukt und die realen Gase verhalten sich anders, als die ideale Gasgleichung es vorgibt. Der Zustand eines „idealen Gases" lässt sich jedoch durch das **Volumen**, den **Druck und** die **Temperatur** in der Zustandsgleichung idealer Gase beschreiben:

$$p \cdot V = n \cdot R \cdot T$$

p = Druck,
V = Volumen,
n = **Stoffmenge** in mol,
T = Temperatur **in Kelvin**,
R = allgemeine Gaskonstante: 8,31 [$J \cdot mol^{-1} \cdot K^{-1}$]

Die linke Seite der Gleichung $p \cdot V$ stellt eine **Arbeit** (= Volumenarbeit) und damit eine **Energieform** dar. Bleiben Stoffmenge und Gaskonstante konstant, wie das meist der Fall ist, gilt:

$$\frac{p \cdot V}{T} = const$$

Übrigens...

An dieser Gleichung lässt sich erkennen, dass – wenn das Volumen konstant gehalten wird und die Temperatur steigt – der Druck auch proportional steigt. Und: Wenn der Druck konstant gehalten wird und die Temperatur steigt, steigt auch das Volumen proportional.

Bei **Gasgemischen** gilt für jedes beteiligte Gas die Zustandsgleichung idealer Gase. Die Drücke aller Gase im Gemisch addieren sich zum Gesamtdruck des Gasgemisches, die Drücke der einzelnen Gase werden **Partialdrücke** (= Teildrücke vom Gesamtdruck) genannt.

4.6.3 Zustandsänderungen idealer Gase

Drei Kenngrößen für Zustandsänderungen von idealen Gasen können aus der Gasgleichung abgeleitet werden; dabei wird von den Größen **Druck (= p), Volumen (= V)** und **Temperatur (= T)** jeweils eine Größe konstant gehalten:

Zustands-änderung	konstant bleibt	Auswirkung
isobare	Druck (p)	$\frac{V}{T} = const.$
isochore	Volumen (V)	$\frac{p}{T} = const.$
isotherme	Temperatur (T)	$p \cdot V = const.$

Tabelle 7: Zustandsänderungen idealer Gase

Im **Druck/Volumen (= p/V)-Diagramm** zeigen sich die Größen wie folgt:

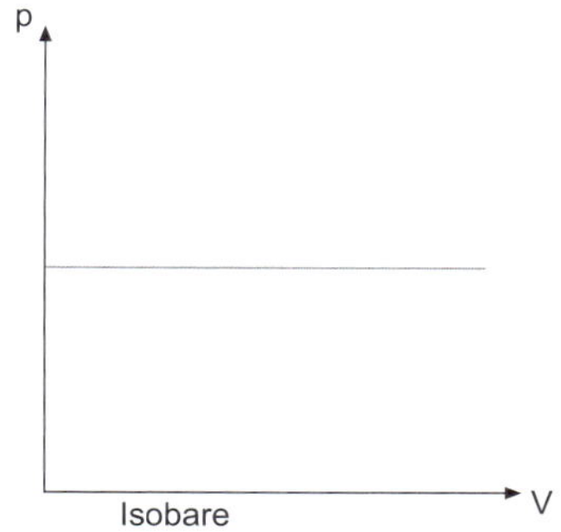

Abb. 12a: Isobare im p/V-Diagramm

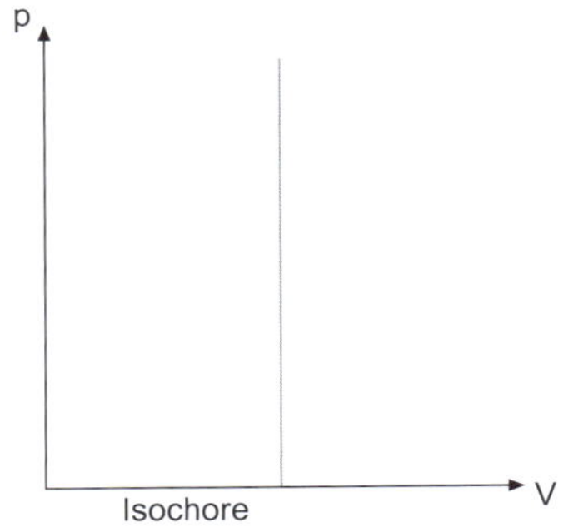

Abb. 12b: Isochore im p/V-Diagramm

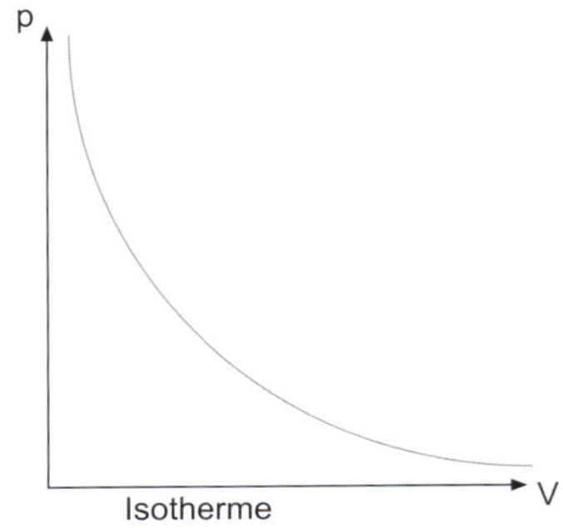

Abb. 12c: Isotherme im p/V-Diagramm

4.7 Phasenübergänge

Um zu verstehen, wie sich reale Gase verhalten, sollte man zunächst den Begriff **Phasenübergang** verstehen:

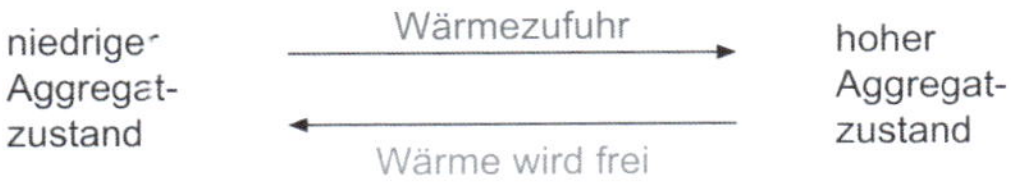

Zur Überführung eines Stoffes in einen höheren Aggregatzustand muss Wärme zugeführt werden, die umgekehrt beim Übergang in einen niedrigeren Aggregatzustand wieder frei wird. **Während des Phasenübergangs** (= Übergang von einem in den anderen Aggregatzustand) **erhöht sich trotz Zufuhr von Wärme die Temperatur nicht**, weil diese Energie zum Überwinden von Gitterbindungen **(= Van-der-Waals-Kräfte)** zwischen den Molekülen benötigt wird und daher nicht als Wärmeenergie gespeichert werden kann. Außerdem sind während des Phasenübergangs zwei Phasen (z.B. fest und flüssig) des Körpers koexistent.

MERKE:
Die zwischenmolekularen Wechselwirkungskräfte (= Van-der-Waals-Kräfte) sind in der Definition der idealen Gasgleichung nicht berücksichtigt, weshalb mit dieser Gleichung das Verhalten eines Gases während des Phasenübergangs nicht beschrieben werden kann.

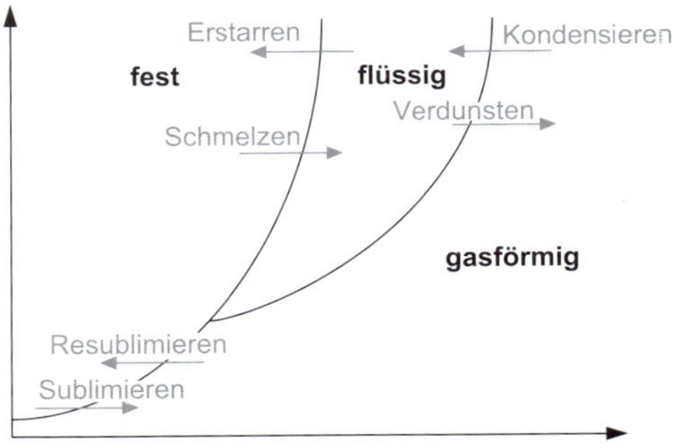

Abb. 13: Phasenübergänge

Übrigens...

Für bestimmte Stoffe (z. B. Trockeneis) gibt es keinen flüssigen Aggregatzustand. Sie gehen direkt vom festen in den gasförmigen Zustand über oder umgekehrt vom gasförmigen in den festen Aggregatzustand.

Hier noch mal die Bezeichnung der einzelnen Übergänge zum Auswendiglernen:

- **Schmelzen** = Übergang von **fest nach flüssig.**
- **Verdunsten** = Übergang von **flüssig nach gasförmig.**
- **Sublimieren** = Übergang von **fest nach gasförmig.**
- **Erstarren** = Übergang von **flüssig nach fest.**
- **Kondensieren** = Übergang von **gasförmig nach flüssig.**
- **Resublimieren** = Übergang von **gasförmig nach fest.**

Übrigens...

Bei Phasenübergängen müssen die beteiligten Phasen NICHT die gleiche Dichte haben...

4.7.1 Phasenübergänge bei realen Gasen

Komprimiert man unterhalb einer bestimmten kritischen Temperatur ein Gas, führt dies ab einem bestimmten Druck zur Verflüssigung. Dabei bleibt der Druck solange konstant, bis die Verflüssigung abgeschlossen ist. Für diesen Fall – also wenn ein Dampf mit seiner Flüssigkeit im dynamischen Gleichgewicht steht – hängt der Druck, bei dem die Verflüssigung erfolgt, NUR von der Temperatur und NICHT vom Volumen ab. Die Isothermen des Dampfes stellen dann im p/V-Diagramm des dynamischen Gleichgewichts waagerechte Geraden dar. Eine im Physikum immer wieder gerne gefragte Tatsache...

4.8 Relative Luftfeuchte

Als Gasgemisch ist die Luft immer zu einem bestimmten Prozentsatz wasserdampfgesättigt, was wir als Luftfeuchte wahrnehmen. Dabei gibt es für jede Lufttemperatur einen spezifischen Sättigungsdampfdruck, bei dem die Luft vollständig mit Wasserdampf gesättigt ist. Die relative Luftfeuchte gibt deshalb den Quotienten aus tatsächlichem Druck des Wasserdampfs und dem Sättigungsdampfdruck bei der vorliegenden Temperatur an.

Übrigens...

Bei einer geringen relativen Luftfeuchte verdampfen offen in einen Raum gestellte Flüssigkeiten. Die Energie, die zum Verdampfen nötig ist, wird dabei der Flüssigkeit entzogen, weshalb die Temperatur der Flüssigkeit unter die der Raumtemperatur fällt.

4.9 Luftdruck

Zum Luftdruck muss man für die Prüfungen zum Glück nicht allzu viel lernen, einen entscheidenden Punkt aber doch: Zwischen dem Luftdruck und dem Schweredruck des Wassers (= hydrostatischer Druck, s. 2.8.1, S. 10) gibt es einen gravierenden Unterschied. Dieser Unterschied hängt mit dem unterschiedlichen Verhalten von Gasen und Flüssigkeiten zusammen: **Gase sind kompressibel, Flüssigkeiten nicht.** Der Luftdruck verhält sich deshalb exponentiell (= er nimmt exponentiell mit der Höhe ab), der Schweredruck des Wassers verhält sich linear.

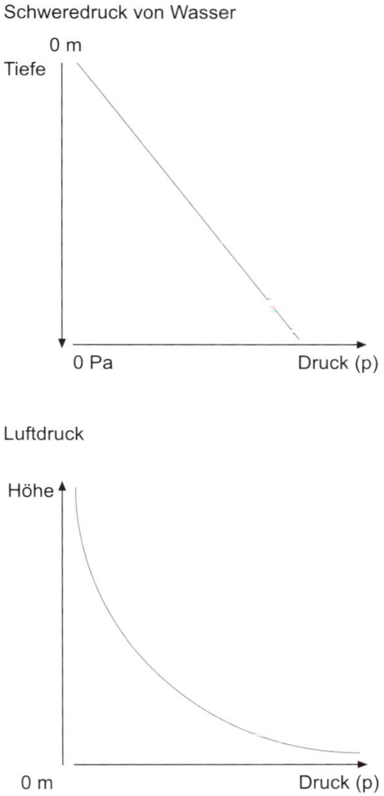

Abb. 14: Schweredruck des Wassers und Luftdruck in Abhängigkeit von Wassertiefe/Höhe über „normal Null" im Vergleich

DAS BRINGT PUNKTE

Aus diesem Kapitel sind Fragen zu den Begriffen absolute Temperatur, spezifische Wärmekapazität und ideale Gase besonders häufig. Gerne gefragt wird zudem nach den Phasenübergängen. Unbedingt merken sollte man sich daher, dass

- die absolute Temperatur in Kelvin und NICHT in Grad Celsius angegeben wird.
- der Druck eines Gases direkt proportional zur mittleren kinetischen Energie der Gasteilchen ist.
- die spezifische Wärmekapazität die Energie ist, die benötigt wird, um 1 kg eines Stoffes um 1 Kelvin oder Grad Celsius zu erwärmen.

- die allgemeine Gasgleichung mit den fünf Größen Druck, Volumen, Temperatur, Stoffmenge, allgemeine Gaskonstante den Zustand eines idealen Gases beschreiben kann.
- sich der Phasenübergang von fest nach gasförmig Sublimieren nennt.

BASICS MÜNDLICHE

Wodurch entsteht der Gasdruck?
Der Gasdruck eines in ein bestimmtes Volumen eingeschlossenen Gases wird durch die Stöße der Teilchen auf die Wand des Behälters verursacht, genauer gesagt durch die dabei erfolgende Impulsübertragung.

Was ist der absolute Nullpunkt?
Die Temperatur −273 °C oder 0 Kelvin. Hier gibt es keine Teilchenbewegung mehr.

Was ist Diffusion?
Bringt man zwei Gase oder Flüssigkeiten zusammen, verteilen sich die einzelnen Teilchen so, dass überall die gleiche Teilchenkonzentration herrscht.

Flüssigkeiten sind nicht kompressibel. Was ist mit Gasen?
Gase sind kompressibel. So lassen sich in eine üblicherweise in der Klinik verwendete Sauerstoffflasche mit 10 l Innenvolumen immerhin 2000 Liter Sauerstoff einfüllen.

Übrigens...

Die aktuelle Füllung einer Sauerstoffflasche lässt sich leicht errechnen: Sie ist das Produkt aus dem am Manometer angezeigten Druck in bar und dem Innenvolumen in Litern. Also: Eine 10 Liter Flasche mit einem Druck von 120 bar = 1.200 Liter Sauerstoff.

WIEDER EIN KAPITEL GELESEN - ZUR BELOHNUNG SOLLTET IHR EUCH NUN ENTSPANNEN UND EINE PAUSE EINLEGEN.

5 Elektrizitätslehre

Dieser Bereich wird von Medizinern für besonders schwer gehalten – zu unrecht, denn bereits mit wenigen basalen Kenntnissen lassen sich viele Fragen korrekt beantworten. Die Bearbeitung dieses Themas lohnt sich aber auch deshalb, weil hierzu bislang immer zahlreiche Fragen gestellt wurden. Die Elektrizitätslehre ist allerdings auch in der Physikumsprüfung relativ breit gefächert: Häufig geprüft werden die Wirkungen des elektrischen Stroms, die elektrischen Widerstände, Serien- und Parallelschaltungen, das Verhalten von Kondensatoren, Wechselströme und Induktionsströme.

5.1 Elektrischer Strom, Magnetfeld

Elektrischer Strom ist der **Fluss von elektrischen Ladungen in einem Medium.** In **Metallen** erfolgt dieser Ladungstransport durch **Elektronen**, in **Elektrolyten** durch **Ionen**. In **Metallen** steigt der **Widerstand mit zunehmender Temperatur linear**, d.h. die Leitfähigkeit sinkt; eine Eigenschaft, die auch zum Temperaturmessen verwendet werden kann. In **Elektrolyten** hingegen steigt die **Leitfähigkeit mit zunehmender Temperatur.** Das Fließen eines elektrischen Stroms ist immer mit dem Entstehen eines **Magnetfelds** verbunden. Nicht nur beschleunigte Ladungen erzeugen also Magnetfelder (Vorsicht, in den Fragen der schriftlichen Prüfung wird das gerne als Falschaussage formuliert). Dabei hat ein gradliniger zylindrischer Leiter (= Draht) bei Stromfluss ein zirkuläres Magnetfeld, dessen Intensität nach außen abfällt.

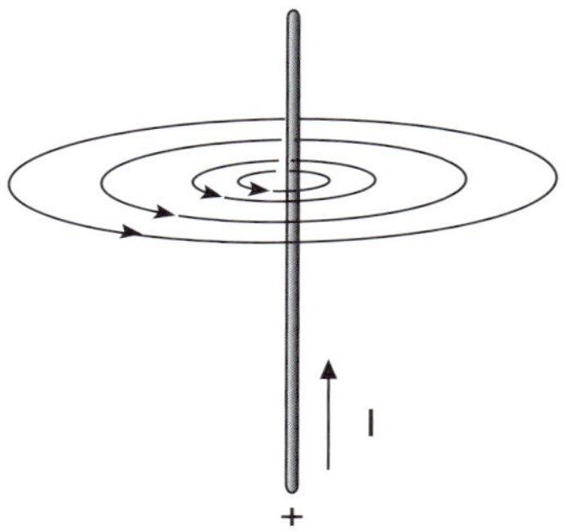

Abb. 15: Zirkuläres Magnetfeld um einen geraden Draht

Andererseits kann man auch durch Einbringen einer einfachen Leiterschleife in ein **magnetisches Feld** einen Strom – genannt **Induktionsstrom** – erzeugen. Dies gelingt z.B.

- durch Ein-/Ausschalten des Magnetfelds,
- durch Änderung der Magnetisierung eines Materiestückes in einem Magnetfeld,
- durch Änderung der Leiterschleife/Bewegen der Leiterschleife im Magnetfeld (= Prinzip des **Dynamo**).

Übrigens...

Die magnetische Feldstärke hat die Einheit $[\frac{A}{m}]$, die magnetische Induktion die Einheit Tesla.

5.1.1 Elektrische Ladung

Die elektrische Ladung Q ist definiert als das Produkt aus Stromfluss (= I) und Zeit (= t). Ihre Einheit ist das Coulomb (= C) bzw. die Amperesekunden (= A · s).

$Q = I \cdot \Delta t$

5.1.2 Stromdichte

Unter der Stromdichte j versteht man die Stromstärke I geteilt durch den Leiterquerschnitt A:

$$j = \frac{I}{A}$$

Die Stromdichte wird gerne in Aufgaben mit flächenhaften Elektroden gefragt.

5.2 Elektrische Feldstärke

Die elektrische Feldstärke **E** ist definiert als Kraft F auf eine elektrische Ladung Q im Feld, dividiert durch den Betrag der Ladung Q:

$E = \frac{F}{Q}$ und hat die Einheit $[\frac{V}{m}]$.

5.3 Elektrischer Widerstand

Angetrieben wird der **elektrische Strom I** von der **Spannung U**. Die Spannung treibt den Strom der Ladungen gegen den **Widerstand R** eines Stromkreises (z.B. Widerstand der Leitung oder Widerstand eines Glühbirnendrahtes) an. Dabei gilt folgende Gesetzmäßigkeit:

$U = R \cdot I$

U = Spannung in [V] (= Volt),
R = Widerstand in [Ω] (= Ohm),
I = Stromstärke in [A] (= Ampere).

Übrigens...

Abwandlungen dieser Formel, z.B. $R = \frac{U}{I}$ werden oft und gerne gefragt.
Die Grundformel „URI" für U = R · I ist jedoch am einfachsten zu merken, man stellt sie – wenn benötigt – eben um.
Das Gegenteil des Widerstandes – physikalisch genauer der Kehrwert des Widerstandes – ist die **Leitfähigkeit**.
Der **Leitwert** ist entsprechend $\frac{1}{R}$ und hat die Einheit $\frac{1}{\Omega}$ = Siemens (S).

5.3.1 Spezifischer Widerstand (= Resistivität)

Die Resistivität ist z.B. wichtig in der Physiologie: Für die Länge eines Internodiums kann man eine Nervenfaser nämlich - in elektrischer Hinsicht - als zylindrischen leitenden Draht ansehen. Der Widerstand eines zylindrischen Drahtes ist also abhängig von seiner Länge l, seiner Querschnittsfläche A und vom **spezifischen Widerstand** (= Resistivität) des Drahtmaterials.
Je kleiner der innere Längswiderstand, desto schneller kann der depolarisierende Strom bei der Erregungsausbreitung fließen. Weil der Widerstand umso kleiner ist, je größer die Querschnittsfläche ist, können Zellen mit großem Querschnitt schneller Impulse leiten als solche mit geringem Querschnitt.

Es gilt: $R = \rho \cdot \frac{l}{A}$

In den Physikums-Aufgaben ist zuweilen die Fläche auch gleich durch die Kreisflächenformel (Kreisfläche = $\pi \cdot r^2$) ersetzt.
Dann ergibt sich: $R = \rho \cdot \frac{l}{\pi \cdot r^2}$

Die Resistivität ist ein materialspezifischer und temperaturabhängiger Faktor (nimmt bei steigender Temperatur zu) mit der Einheit Ω • m.

Übrigens...

Der spezifische Widerstand beruht letztlich auf dem Mechanismus des Ladungstransports und der „Reibung" der Ladungsträger an den Molekülen des Materials, durch das ein Strom fließt.

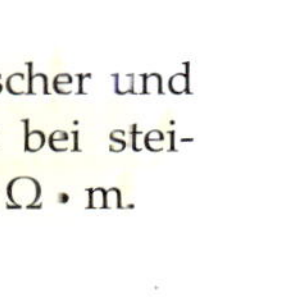

Es gibt zwei grundlegende elektrische Widerstandsschaltungen:

- die **Serienschaltung** und
- die **Parallelschaltung**.

5.3.2 Serienschaltung von Widerständen

Bei der Serienschaltung (= Reihenschaltung/alle Widerstände in einer Reihe)

- gibt es an allen Stellen die **gleiche Stromstärke**: $I_1 = I_2 = I_{GESAMT}$
- es **addieren** sich die **Spannungen**: $U_1 + U_2 = U_{GESAMT}$ und
- es **addieren** sich die **Widerstände**: $R_1 + R_2 = R_{GESAMT}$

Abb. 16: Serienschaltung/Reihenschaltung von 2 Widerständen

5.3.3 Parallelschaltung von Widerständen

Bei der Parallelschaltung

- **addieren** sich die **Stromstärken:** $I_1 + I_2 = I_{GESAMT}$
- gibt es an allen Stellen die **gleiche Spannung:** $U_1 = U_2 = U_{GESAMT}$ und
- **addieren** sich die **KEHRWERTE der Widerstände** zum **KEHRWERT des Gesamtwiderstands:** $1/R_1 + 1/R_2 = 1/R_{GESAMT}$ (= es addieren sich die **Leitwerte**).

Übrigens...

Der beliebteste Fehler bei diesem Thema ist es, die Kehrwerte der Einzelwiderstände zu addieren und dabei nicht zu beachten, dass das Ergebnis der **Kehrwert des Gesamtwiderstandes** und nicht der Gesamtwiderstand selbst ist.

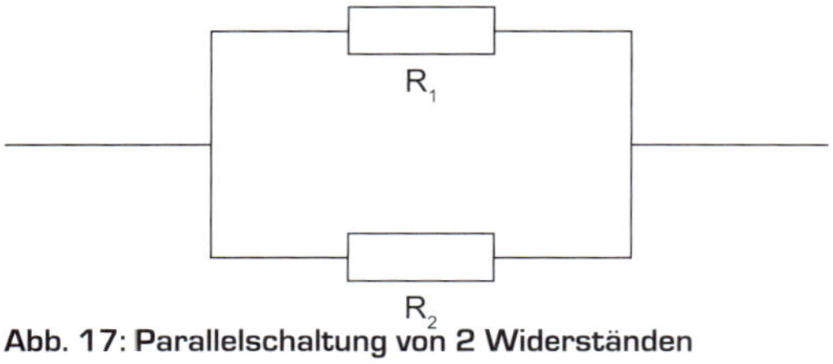

Abb. 17: Parallelschaltung von 2 Widerständen

Hier noch ein Rechenbeispiel zur Parallelschaltung:

- R_1 sei 40 Ω und
- R_2 sei 20 Ω.

Die Berechnung des Gesamtwiderstands lautet: $\frac{1}{40}+\frac{1}{20}=\frac{1}{40}+\frac{2}{40}=\frac{3}{40}$

davon jetzt noch den KEHRWERT: $\frac{40}{3}$

ist also 13,33.

Damit haben wir einen Gesamtwiderstand von 13,33 Ω.

An diesem Beispiel ist noch ein anderes wichtiges Phänomen zu sehen: **Der Gesamtwiderstand einer Parallelschaltung ist immer kleiner als der kleinste Widerstand innerhalb der Parallelschaltung.**

5.3.4 Spannungsteiler

Spannungen misst man immer **zwischen zwei Punkten**. Die vorhandene Ladungs**differenz** = Potentialdifferenz dieser Punkte wird dann auf einem Messgerät als Spannung angezeigt. Einen der Messpunkte kann man auch **erden**. Durch eine Erdung erhält dieser Punkt das Potential 0.

Hierfür noch ein praktisches Beispiel, an dem dieser Sachverhalt sicherlich leichter zu verstehen ist:

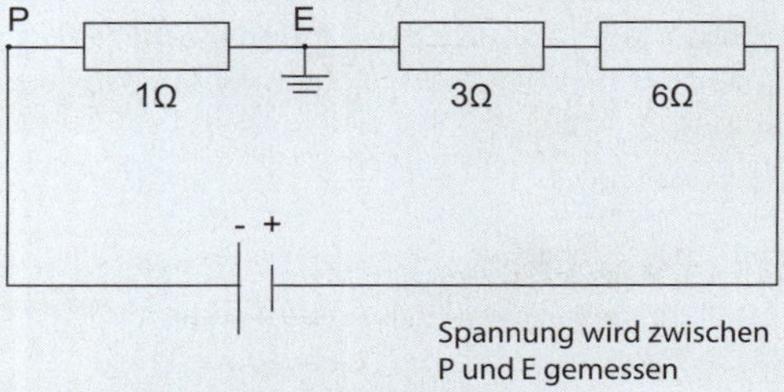

Abb. 18: Spannungsteiler mit Erdung

Die Widerstände 1 Ω, 3 Ω und 6 Ω addieren sich zum Gesamtwiderstand 10 Ω. Die Gesamtschaltung hat die Spannung 10V. Diese wird nun nach der Formel $U = R \cdot I$ an den einzelnen Widerständen aufgeteilt: Der 1 Ω Widerstand macht 1/10 des Gesamtwiderstandes aus und erhält so 1/10 der Gesamtspannung als seinen Anteil der Beute = 1V. Diese Spannungsabfälle an den Widerständen addieren sich alle zur Gesamtspannung von 10V auf: am 3 Ω Widerstand fallen also 3/10 der Spannung = 3V ab, am 6 Ω Widerstand 6/10 = 6V. Gemessen wird die Spannung in unserem Beispiel aber zwischen dem Minuspol der Stromquelle und einem gegen Erde gelegten Punkt (= E) mit dem Potential 0V nach dem 1 Ω Widerstand. Deshalb ergibt sich eine Spannung von **– 1V** (= 1V von 0 nach Minus).

Übrigens...

Wären die Polaritäten der Stromquelle vertauscht, würde sich gegen Erde eine Spannung von **+ 1V** ergeben.

5.4 Messen von Spannungen und Strömen

Um diese Größen zu messen, gibt es Voltmeter (= Spannungsmesser) und Amperemeter (= Strommesser) . Wenn man die Spannungs- und Stromwerte an einem Widerstand oder sonstigen Verbraucher (z.B. einer Glühbirne) erfassen möchte, schaltet man das **Amperemeter** mit **möglichst kleinem Innenwiderstand in Serie** zum Widerstand, das **Voltmeter** mit **möglichst großem Innenwiderstand parallel** zum Widerstand und Amperemeter. Die optimale Schaltung zum Messen von Strom und Spannung sieht daher so aus:

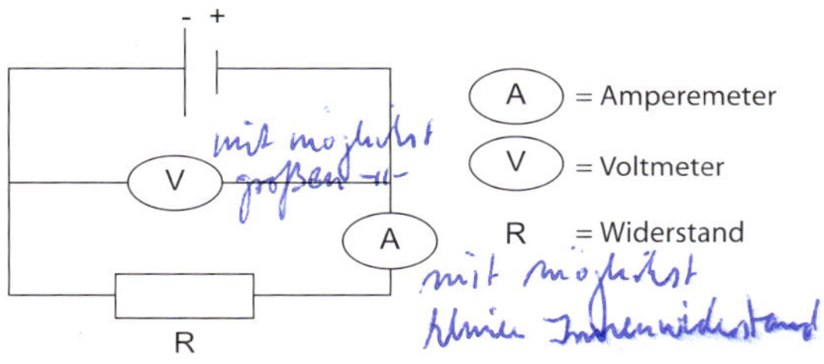

Abb. 19: Messanordnung zum Messen von Strömen und Spannungen an einem Widerstand

Übrigens...

Die Spannung am Widerstand wird nicht ganz exakt gemessen, da das Amperemeter selbst ja noch einen kleinen Innenwiderstand hat, der den Gesamtwiderstand erhöht und damit den Spannungswert herabsetzt.

5.4.1 Klemmenspannung

Nicht nur Messgeräte haben Innenwiderstände, sondern auch die **Spannungsquellen**. Dadurch bedingt ist die **Klemmenspannung** einer Spannungsquelle auch nicht konstant, sondern hat ohne angeschlossenen Verbraucher (= Leerlaufspannung) ihren **Maximalwert.** Wird ein Stromverbraucher angeschlossen, sinkt die Klemmenspannung mit steigender Stromstärke **linear** ab. Bei einem Kurzschluss (= maximaler Stromfluss) ist sie null, erreicht also ihren **Minimalwert**. Bei einer Spannungsquelle mit dem Innenwiderstand 0 würde die Klemmenspannung daher **NICHT** abfallen.

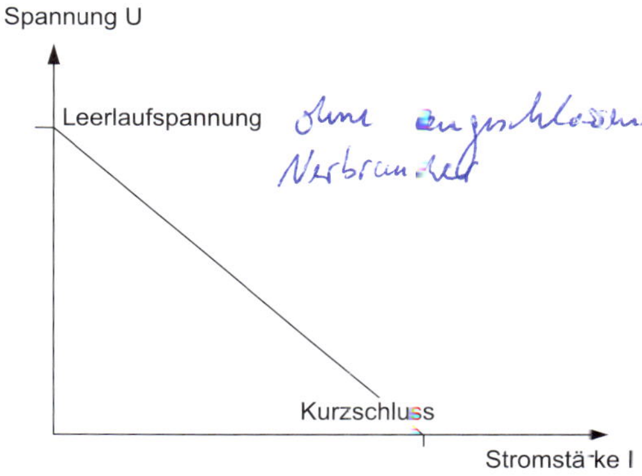

Abb. 20: Klemmenspannung

Übrigens...

Jede Batterie hat einen **Innenwiderstand**, den man sich **in Serie** zu einem externen Widerstand geschaltet vorstellen muss. Deshalb kann man mit Voltmetern (= externer Widerstand) nie ganz genau die Leerlaufspannung einer Batterie bestimmen.

5.5 Kondensator, Zeitkonstante

Ein Kondensator ist ein Gerät, auf dem man **elektrische Ladungen speichern** kann. Die **Spannung** an ihm ist **proportional zur aufgebrachten Ladung.** Der zeitliche Verlauf der Entladung eines Kondensators der **Kapazität C** über einen Widerstand R wird durch die **Zeitkonstante** τ **=** $R \cdot C$ bestimmt. Bis zum Erreichen der Zeitkonstante nimmt die Spannung auf 37 % der ursprünglichen Spannung ab. Die Zeitkonstante τ ist eine der Größen, die in der schriftlichen Prüfung besonders gerne gefragt werden.

5.5.1 Serien- und Parallelschaltung von Kondensatoren

Die Kapazitäten von Kondensatoren in Serien- und Parallelschaltungen werden **genau umgekehrt wie bei Widerständen berechnet:**

- bei **Serienschaltungen** Berechnung **mit Kehrwerten** und
- bei **Parallelschaltungen** einfache **Addition.**

MERKE:

- Serienschaltung: $1/C_1 + 1/C_2 = 1/C_{gesamt}$
- Parallelschaltung: $C_1 + C_2 = C_{gesamt}$

5.5.2 Kapazität eines Plattenkondensators

Die Formel für die Kapazität C eines Plattenkondensators lautet:

$$C = \varepsilon \cdot \varepsilon_0 \cdot \frac{A}{d}$$

A = Plattenfläche, d= Plattenabstand,

ε= Dielelektrizitätskonstante

ε_0= elektrische Feldkonstante = 8,854 10^{-12} [C/Vm]

5.5.3 Dielektrikum

Ein Dielektrikum ist ein Isolator (= ein Stoff, der keinen elektrischen Strom leitet). Dieser Isolator wird zwischen die Kondensatorplatten eingebracht. Da die Ladungsträger in ihm nicht beweglich sind, werden sie polarisiert. Zwischen den Kondensatorplatten und dem Dielektrikum bildet sich dadurch ein elektrisches Feld, das dem Feld des Kondensators entgegengerichtet ist. Das Einbringen des Dielektrikums senkt so die momentane Kondensatorspannung und erhöht dadurch die Kondensatorkapazität.

MERKE:
Die Kapazität eines Plattenkondensators hängt von der Dielektrizitätskonstante des Dielektrikums, der Plattenfläche und dem Plattenabstand ab.

5.5.4 Kondensatoraufladung und -entladung über einen Widerstand

Lädt oder entlädt man **Kondensatoren** über Widerstände, so resultieren charakteristische Spannungskurven:

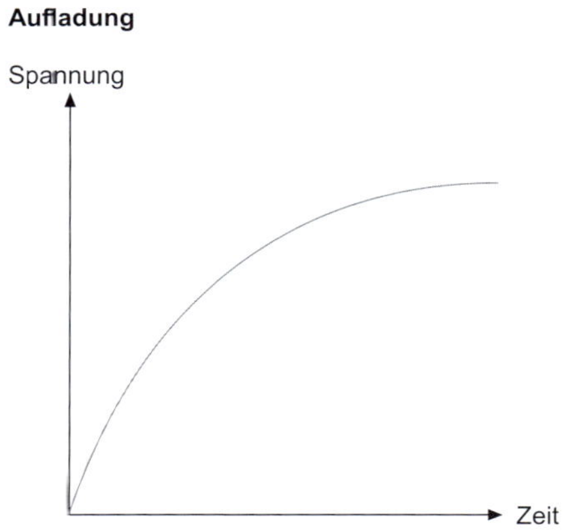

Abb. 21a: Auflade-Spannungskurve am Kondensator

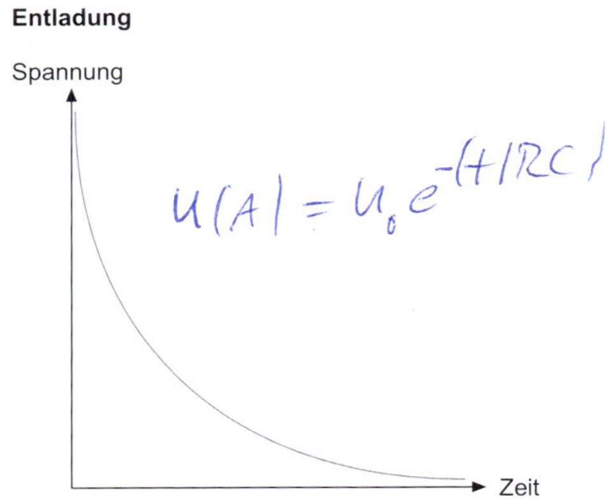

Abb. 21b: Entlade-Spannungskurve am Kondensator

Wie man an den Kurven sieht, nimmt die Spannung an einem Kondensator C, der über einen Widerstand R entladen wird, mit der Zeit exponentiell ab. Die zugehörige Gesetzmäßigkeit lautet:

$$U(t) = U_0 e^{-(t/RC)}$$

U(t) = aktuelle Spannung

U_0 = Ausgangsspannung

R = elektrischer Widerstand

C = Kapazität des Kondensators

5.6 Wechselstrom

Die Spannung beim Wechselstrom hat nicht die Form einer konstanten geraden Linie, sondern die einer **Sinusschwingung.** In Deutschland hat der Wechselstrom eine **Frequenz von 50 Hz.** Das bedeutet, dass 50 dieser Sinusschwingungen in einer Sekunde auftreten. Die **Periodendauer der Wechselspannung** beträgt damit 1/50Hz = 0,02 Sekunden (= 20ms).

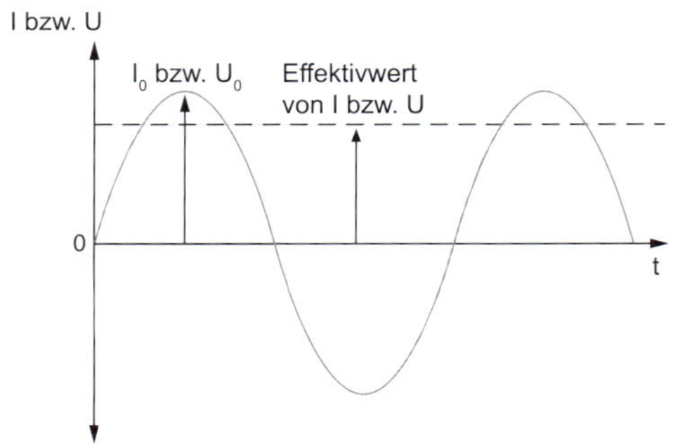

Abb. 22: Sinusförmiger Verlauf einer Wechselspannung

Als Spannungswert angegeben wird in der Regel der Effektivwert. Dies ist der Wert eines Gleichstroms, der an einem Wirkwiderstand die gleiche Wärmemenge erzeugt. Damit entspricht der Effektivwert quasi dem Durchschnittswert. An unseren üblichen Steckdosen schwankt die Spannung permanent zwischen 0 und **325 V (= Scheitelspannung)** hin und her – der **Effektivwert der Spannung sind dabei 230 V** (früher ca. 220V).

Übrigens...

Der **Effektivwert** der Wechselspannung errechnet sich aus dem **Spitzenwert**/ √2 und ist **NICHT** von der Frequenz abhängig.

Ab und zu wurde auch schon mal nach der **Kreisfrequenz** der Wechselspannung gefragt: Sie entspricht dem bei einer Kreisbewegung je Zeiteinheit überstrichenen Winkel im Bogenmaß. Die Kreisfrequenz ω errechnet sich nach:

$$\omega = 2 \cdot \pi \cdot f$$

Für die normale Haushalts-Wechselspannung beträgt die Kreisfrequenz damit:

$$\omega = 2 \cdot \pi \cdot f = 2 \cdot \pi \cdot 50\text{Hz} = 100 \cdot \pi = 314{,}16 \frac{1}{s}$$

5.7 Elektrische Leistung, Joule-Wärmeentwicklung

Das **Produkt aus Spannung (= V) und Stromstärke (= A) ist die elektrische Leistung (= P)** . Ihre Einheit ist das [Watt]. P = U · I

Oft wird in Aufgaben in der Elektrizitätslehre nach der Joule-Wärmeentwicklung oder auch der Heizleistung gefragt: Sie entspricht der elektrischen Leistung P. Aus den Angaben von Spannung und Leistung lässt sich einfach der elektrische Widerstand eines Gerätes berechnen:

$$R = \frac{U^2}{P} \text{ oder umgeformt } P = \frac{U^2}{R}$$

MERKE:

- Wichtig ist das Quadrat der Spannung. Wird z.B. ein Gerät bei halber Spannung betrieben, fällt die Leistung deshalb auf ein Viertel.
- Wenn man Glühlampen in Serie schaltet, brennen die Lampen mit geringerer Leistung (= Wattzahl) heller als die mit höherer Nennleistung.
- Lampen mit gleicher Wattzahl brennen gleich hell.
- Das „Durchbrennen" von Glühbirnen hängt NICHT von deren Wattzahl ab.

5.8 Induktionsstrom

Unter bestimmten Umständen kann mittels eines magnetischen Feldes Strom erzeugt werden. Bringt man eine Leiterschleife in ein Magnetfeld, kann z.B. durch Ein-/Ausschalten des Magnetfeldes, Änderung der Magnetisierung, Änderung der Leiterschleife und durch Bewegen der Leiterschleife im Magnetfeld ein Induktionsstrom erzeugt werden.

5.8.1 Transformieren von Spannungen

Unter Ausnutzung der Induktionsspannung können **Wechselspannungen** (also KEINE Gleichspannungen) transformiert werden. Das heißt, man kann – abhängig vom Aufbau des **Transformators** – aus einer gegebenen Ausgangsspannung höhere oder niedrigere Spannungen genau definierter Höhe generieren.

Der Transformator als Gerät selbst ist relativ einfach aufgebaut: Er besteht aus zwei Spulen auf einem gemeinsamen Eisenkern. Die an der ersten Spule angelegte Wechselspannung erzeugt ein sich im zeitlichen Verlauf veränderndes Magnetfeld. Über den gemeinsamen Eisenkern wird die zweite Spule durch das erzeugte Magnetfeld durchsetzt und in der Spule entsteht eine Induktionsspannung.

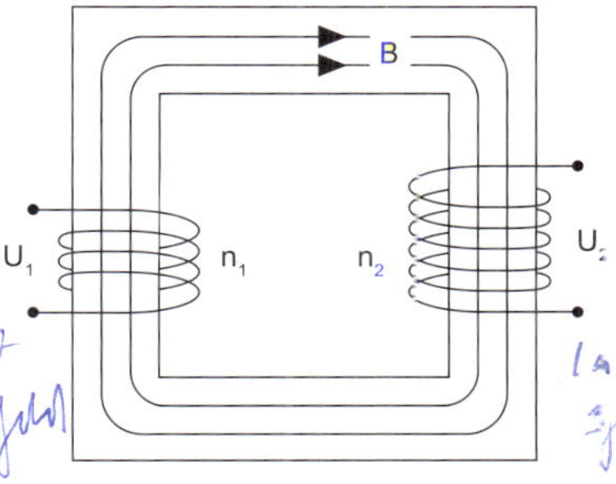

Abb. 23: Schematischer Aufbau eines Kondensators

Die Größe der Spannung U_2 hängt vom Windungsverhältnis der Spule 2 (= n_2) zu Spule 1 (= n_1) und von der Ausgangsspannung U_1 ab:

$$\frac{U_2}{U_1} = \frac{n_2}{n_1}$$ n = Anzahl der Windungen

Beispiel:
Spule 1 hat 20 Windungen, Spule 2 hat 10 Windungen und die Ausgangsspannung U_1 beträgt 220 V.

$$\frac{U_2}{U_1} = \frac{n_2}{n_1} \text{ oder}$$

$$U_2 = \frac{n_2}{n_1} \cdot U_1 \rightarrow U_2 = \frac{10}{20} \cdot 220\text{V} = 110 \text{ V}$$

DAS BRINGT PUNKTE

Aus diesem Kapitel waren bisher Fragen zum elektrischen Widerstand, zur elektrischen Leistung, zu Kondensatoren und zum Wechselstrom in fast jedem Physikum zu finden. Unbedingt merken sollte man sich daher, dass

- elektrischer Strom **immer** ein Magnetfeld erzeugt.
- das Ohm-Gesetz U = R · I lautet.
- sich die Widerstände in Serienschaltungen zum Gesamtwiderstand addieren, die Teilspannungen sich zur Gesamtspannung addieren und die Stromstärke an allen Stellen der Serienschaltung **gleich** ist.
- in der Parallelschaltung die Spannung an allen Stellen gleich bleibt, sich die Teilstromstärken zur Gesamtstromstärke addieren, der Kehrwert des Gesamtwiderstands der Summe der Kehrwerte der Einzelwiderstände entspricht.
- zum Messen von Spannungen und Strömen an einem Widerstand ein Spannungsmessgerät (= Voltmeter) mit hohem Innenwiderstand und ein Strommessgerät (= Amperemeter) mit kleinem Innenwiderstand geschaltet wird.
- die elektrische Leistung das Produkt aus Spannung und Stromstärke ist.
- der Zusammenhang zwischen der effektiven Spannung (= U_{eff}) und der Spitzenspannung (= U_s) beim Wechselstrom $U_{eff} = \frac{U_s}{\sqrt{2}}$ ist.

BASICS MÜNDLICHE

Wie lautet das Ohm-Gesetz?
U = R · I
U = Spannung in [V] (= Volt), R = Widerstand in [Ω] (= Ohm), I = Stromstärke in [A] (= Ampere).

Wie wird elektrischer Strom geleitet?
Elektrischer Strom ist der Fluss von elektrischen Ladungen in einem Medium. In Metallen erfolgt der Ladungstransport durch Elektronen, in Elektrolyten durch Ionen. In Metallen steigt der **Widerstand** mit zunehmender Temperatur linear, d.h. die Leitfähigkeit sinkt (was auch zum Temperaturmessen verwendet werden kann), in Elektrolyten steigt die **Leitfähigkeit** mit zunehmender Temperatur.

Wie verhalten sich Spannungen, Stromstärken und Widerstände in Serienschaltungen?
Die Teilspannungen addieren sich zur Gesamtspannung. Die Einzelwiderstände addieren sich zum Gesamtwiderstand. Die Stromstärke ist an allen Stellen gleich.

Wie verhalten sich Spannungen, Stromstärken und Widerstände in Parallelschaltungen?
Die Spannung ist an allen Stellen gleich. Die Teilstromstärken addieren sich zur Gesamtstromstärke. Die Kehrwerte der Einzelwiderstände addieren sich zum Kehrwert des Gesamtwiderstands.

Wie errechnet sich die elektrische Leistung?
Die elektrische Leistung ist das Produkt aus Spannung und Stromstärke. Die Einheit der elektrischen Leistung ist Watt.

Übrigens...

Die Wechselspannung besteht bei 50 Hz aus 50 Schwingungen pro Sekunde. Wieviel Nulldurchgänge hat die Spannung dann pro Sekunde? Richtig, 100! Zwei pro Schwingung und es sind ja 50 Schwingungen pro Sekunde ...

NACH SO VIEL SPANNUNG WIRD ES ZEIT FÜR EINE ERHOLSAME PAUSE!

6 Schwingungen und Wellen

Ein kleines, aber nettes Kapitel: Auch aus diesem Bereich gab es bislang in jedem Physikum Fragen, wobei diese zu den unkompliziertesten zählen und damit sichere Punktelieferanten sind.

Besonders hervorzuheben ist hier eine Formel, die in jedem Physikum gefragt wurde: der Zusammenhang zwischen der Ausbreitungsgeschwindigkeit, der Wellenlänge und der Frequenz ($c = \lambda \cdot f$, s.6.3).

6.1 Schwingungen

Schwingungen sind sich periodisch wiederholende Bewegungen um eine Ruhelage. Schön beobachten lässt sich das z.B. beim Fadenpendel (= Ein Faden hängt an der Decke und an ihm ein kleines Gewicht): Die Ruhelage ist die Lage, in der der Faden gerade herabhängt. Wenn man das Gewicht anstößt, schwingt das Pendel nach rechts und links um die Ruhelage. Maximale kinetische Energie hat das Pendel bei den Schwingungen jeweils immer in der Ruhelage. Nach außen hin wird die Geschwindigkeit und damit die kinetische Energie kleiner, bis sich die Richtung schließlich umkehrt und die Geschwindigkeit und Energie wieder zunehmen. **Bei der ungedämpften Schwingung ist die Summe der kinetischen und der potentiellen Energie stets konstant.** Bei einer gedämpften Schwingung nimmt die Amplitude der Schwingung kontinuierlich ab, während sich die Frequenz der Schwingung nicht ändert.

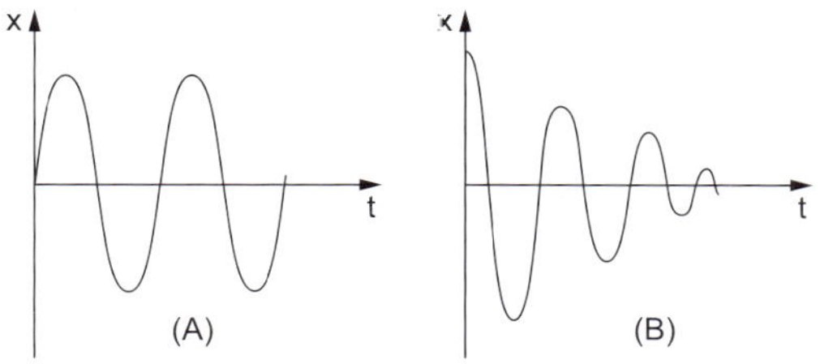

Abb. 24: Auslenkung x eines Pendels in Abhängigkeit von der Zeit – ungedämpfte Schwingung (A) und gedämpfte Schwingung (B)

6.2 Eigenfrequenz, Resonanzfrequenz

Jedes schwingungsfähige System (z.B. ein Pendel) hat eine **Eigenfrequenz f_0**, auch Resonanzfrequenz genannt. In dieser Frequenz schwingt das System mit maximaler Amplitude und kann sich immer weiter aufschaukeln, d.h. die Amplitude der Schwingung kann immer größer werden. Die Schwingungsamplitude ist dabei abhängig von der erregenden Frequenz: Maximal wird die Amplitude, wenn Erregungs- und Eigenfrequenz übereinstimmen. Dabei kann die Schwingungsamplitude sogar größer werden als die Amplitude der erregenden Schwingung.

Übrigens...

Die Resonanzfrequenz ist auch der Grund dafür, warum Soldaten nie im Gleichschritt über eine Brücke (= schwingungsfähiges System) marschieren dürfen. Wenn sie zufällig mit ihrem Schritt die Eigenfrequenz erwischen würden, könnte die Schwingungsamplitude durch den Resonanzeffekt nämlich so groß werden, dass die Brücke zusammenstürzt (= Resonanzkatastrophe).

6.3 Wellen

Wellen sind sich **räumlich ausbreitende Schwingungen**, wobei sich nur die Bewegung, aber keine Materie ausbreitet. Jede Welle transportiert Energie = die Energie des Bewegungszustandes. Die **Amplitude** einer Welle ist die **maximale Auslenkung aus der Ruhelage. Die Ausbreitungsgeschwindigkeit (= c) ist das Produkt aus der Frequenz (= f) und der Wellenlänge (= λ)** der Welle: $c = \lambda \cdot f$,

c = Ausbreitungsgeschwindigkeit in [m/s],

λ = Wellenlänge in [m],

f = Frequenz in [1 / s] = [Hz] (Hertz)

MERKE:

Wellenlänge und Frequenz sind zueinander NICHT proportional.

Die **Frequenz (= Zahl der Schwingungen pro Zeiteinheit)** kann aus der Schwingungsdauer einer Schwingungsperiode – mit der **Periodendauer (= T)** – berechnet werden:

$$f = \frac{1}{T}$$

f = Frequenz in [1/s] = [Hz] (=Hertz),

T = Periodendauer in [s]

umgekehrt ist $T = \frac{1}{f}$.

Als Beispiel einige Berechnungen:
Eine Schwingung wird auf einem Oszillographen dargestellt.

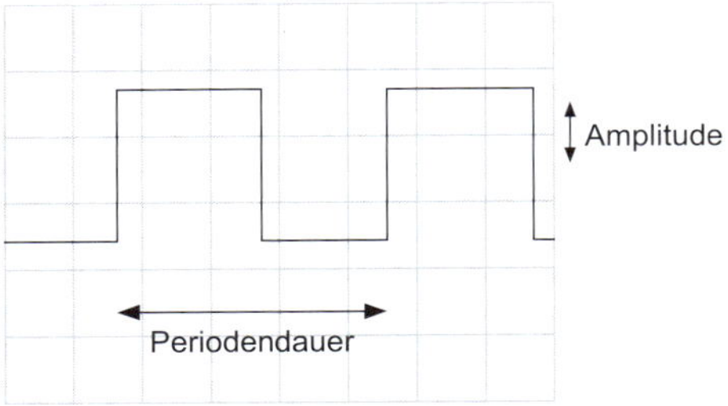

Die Frequenz sei 10 kHz = 10.000 Hz. Gesucht ist die horizontale Zeitablenkungsgeschwindigkeit des Oszillographen.

$T = \frac{1}{f}$ Also: T = 1 / 10.000 Hz = 0,0001 s = **100 µs.**

Die **Periodendauer** beträgt hier **4** Kästchen, und die **Zeitablenkungsgeschwindigkeit** folglich:
100 µs / 4 Kästchen = 25 µs / Kästchen = 25 µs / Skt
(Kästchen werden als Skt für Skalenteile abgekürzt).

6.3.1 Longitudinal- und Transversalwellen

Es gibt zwei Arten von Wellen: Longitudinal- und Transversalwellen. Bei den Longitudinalwellen (= Längswellen), schwingen die **Teilchen in Ausbreitungsrichtung der Welle**, d.h. es gibt periodische Verdichtungen und Verdünnungen. **Schallwellen** sind ein Beispiel für Longitudinalwellen.
Die andere Wellenart sind die Transversalwellen (= Querwellen), bei denen die Teilchen **quer zur Ausbreitungsrichtung der Welle schwingen. Lichtwellen** sind elektromagnetische Wellen und ein Beispiel für Transversalwellen.

MERKE:

- Transversalwellen kann man polarisieren, Longitudinalwellen hingegen NICHT.
- Licht kann polarisiert werden durch Streuung, durch Reflexion an einem durchsichtigen Stoff und beim Durchgang durch einen dichroitischen Kristall. (Ein dichroitischer Kristall hat eine Vorzugsrichtung = er absorbiert alle auf ihn einfallenden Lichtwellen außer denen in besagter Vorzugsrichtung).

Polarisieren heißt, dass aus den sehr vielen transversalen Schwingungsebenen einer Transversalwelle nur eine einzige herausgefiltert wird, in der die Welle nach der Polarisierung dann schwingt.

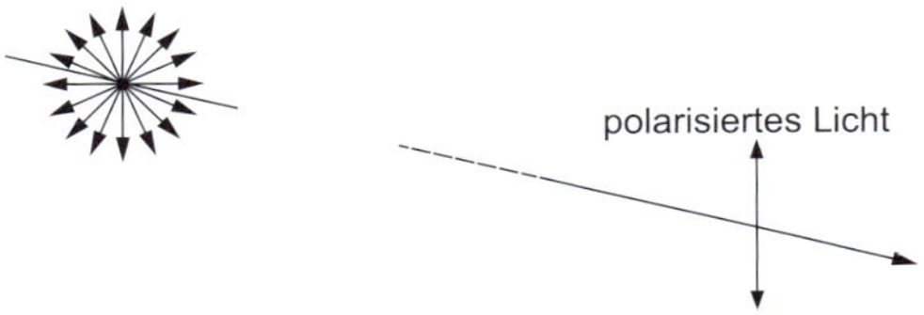

Abb. 25: Polarisation einer Transversalwelle (hier natürliches Licht)

Übrigens...

- Das ist zugegeben etwas schwer zu verstehen, wichtig zu wissen ist aber, dass die Polarisierung keineswegs aus einer Transversalschwingung eine Longitudinalschwingung macht.
- Bestimmte Substanzen können die Schwingungsebenen des polarisierten Lichts drehen. Daher kommt z.B. der Begriff linksdrehende Milchsäure.

6.3.2 Stehende Wellen

Eine stehende Welle (s. Abb. 26) ist eine Überlagerung von Wellen gleicher Frequenz und Amplitude, aber entgegengesetzter Ausbreitungsrichtung. Eine solche Situation kann durch zwei eigenständige Wellen, oder durch Reflektion einer Welle an einer Grenzfläche entstehen. (In einer Physikumsfrage fungierte als eine Grenzfläche das geschlossene Ende einer Orgelpfeife. Solche Orgelpfeifen nennt man auch gedackte oder gedeckte Orgelpfeifen). An der Grenzfläche entsteht ein Bewegungsknoten, in dem die Schwingungsamplitude null beträgt. Den jeweils nächsten Bewegungsknoten findet man in einer halben Wellenlänge Abstand (= $\lambda/2$), dazwischen liegen die Bewegungsbäuche (= Abschnitte maximaler Bewegung):

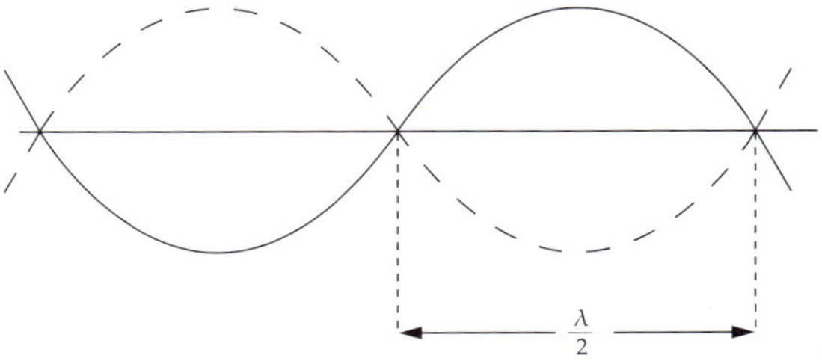

Abb. 26: stehende Wellen

Die Welle schwingt zwischen den beiden maximalen Auslenkungen (durchgezogene und gestrichelte Linie) „hin und her".

Zum Sonderfall einer gedackten Orgelpfeife:
Das eine Ende der Pfeife ist offen (hier entsteht ein Bewegungsbauch), das andere geschlossen, es fungiert als Grenzfläche. Dadurch ist die Grundschwingung (= die Schwingung mit der kleinsten Eigenfrequenz) ¼ Wellenlänge (= $\lambda/4$) lang, entsprechend der halben Strecke zwischen zwei Wellenknoten (s. Abb. 27).

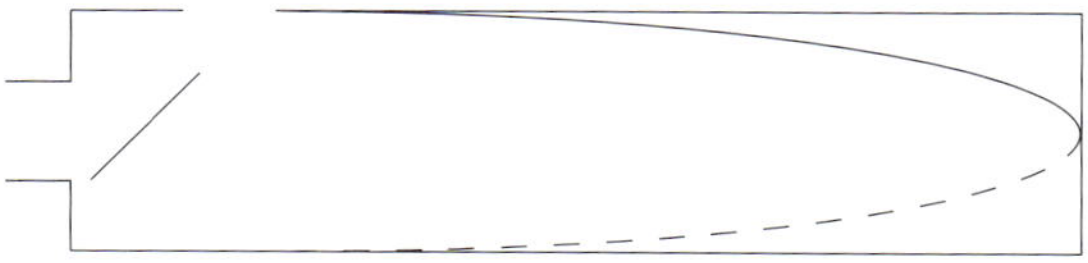

Abb. 27: gedackte Orgelpfeife

Übrigens...
Bei einer beidseits offenen Pfeife entsteht eine Grundschwingung mit zwei Wellenbäuchen und einem Wellenknoten in der Mitte: Die Grundschwingung ist hier ½ Wellenlänge lang (= $\lambda/2$). Eine gleich lange beidseits offene Pfeife hat im Vergleich zur gedackten Pfeife eine genau doppelt so hohe Grundfrequenz und klingt damit eine Oktave höher.

6.3.3 Schallwellen
Schallwellen sind in ihrer Ausbreitung im Gegensatz zu elektromagnetischen Wellen (also auch Licht) **an Materie gebunden**. Das bedeutet, dass sie sich **NICHT im Vakuum ausbreiten können** (Licht kann das schon...). Schallwellen können wie Licht auch von einem Medium in ein anderes übergehen (z.B. von Luft in Wasser). Ihre **Schallgeschwindigkeiten** sind in den unterschiedlichen Medien **verschieden**, ihre **Frequenz** bleibt beim Übergang von einem Medium ins andere **immer gleich** und ihre Wellenlänge ändert sich ebenso wie die Schallgeschwindigkeit (s. 6.3, S. 29).

Übrigens..
Für den Menschen hörbare Schallwellen haben Frequenzen von 15 Hz - 20.000 Hz (gilt für junge Erwachsene).

Material	Schallgeschwindigkeit (m/s)
Luft	**330**
Kohlendioxid	258
Wasser	**1.480**
Blut (bei 37°C)	1.570
Kupfer	3.560
Glas	5.600

Tabelle 8: Schallgeschwindigkeit in unterschiedlichen Medien

Übrigens...
Abgefragt werden die Schallgeschwindigkeit in Luft und in Wasser; diese sollte man daher auswendig kennen.

6.4 Ultraschall
Ultraschall unterscheidet sich von hörbarem Schall prinzipiell nur durch eine höhere Frequenz. Genutzt werden hier Frequenzen im Megahertz-Bereich (= ca. 3–11 MHz).

6.4.1 Doppler-Sonographie
In der letzten Zeit wurden einige Fragen zur Doppler-Sonographie gestellt. Das ist ein Ultraschallverfahren, dass den **Doppler-Effekt** ausnutzt: eine Veränderung der Frequenz von Wellen, wenn Quelle und Beobachter sich aufeinander zu oder voneinander weg bewegen. Diesen Effekt kennt sogar jeder, nur eben nicht unter dieser Bezeichnung: Wenn sich ein Rettungswagen mit Martinshorn nähert, hört sich der Ton hoch an, wenn sich der Wagen entfernt, klingt er tief.
Bei der Doppler-Sonographie kann die Fließgeschwindigkeit des Blutes in den Gefäßen anhand der Frequenzverschiebung der reflektierten Ultraschallwelle bestimmt werden. Wenn das Blut auf den Ultraschallkopf **zufließt**, gibt es eine **Verschiebung hin zu höheren Frequenzen**, wenn es vom Ultraschallkopf **wegfließt**, eine **Verschiebung hin zu niedrigeren Frequenzen.**

6.5 Schallpegelmaß

Das Schallpegelmaß von Geräuschquellen wird in der nicht linearen, sondern **logarithmischen Einheit dB (= Dezibel)** angegeben. Die genaue Formel lautet:

$$\text{Schallpegelmaß } L = 10 \cdot \log\left(\frac{I}{I_0}\right).$$

Das heißt, man errechnet den Schallintensitätsunterschied, indem man die beiden Intensitäten vorher (= I_0) und nachher (= I) in die Formel einsetzt: Verdoppelt man zum Beispiel die Lautstärke, so verhält sich die neue Lautstärke I zur alten Lautstärke I_0 wie $I : I_0 = 2 : 1$. Damit gilt für die vorne angegebene Formel:

$$L = 10 \cdot \log\left(\frac{I}{I_0}\right) = 10 \cdot \log\left(\frac{2}{1}\right) = 10 \cdot 0{,}3 = 3.$$

Damit ist die verdoppelte Lautstärke um genau 3 dB höher als die ursprüngliche. Wenn man also ein 37 dB lautes Auto hat und ein zweites, entsprechend lautes daneben stellt, ergibt sich eine Gesamtlautstärke von 37dB + 3 = 40 dB. Eine etwas verwirrende Tatsache, die auf der Gestaltung der Größe Schallpegelmaß als logarithmische Größe beruht.

Übrigens...

- Man braucht sich glücklicherweise nicht die Formel zu merken, sondern nur diese feststehenden Faktoren: Vergrößert man die Intensität um den Faktor 2 (= verdoppelt man die Lautstärke), entspricht das einer Erhöhung um 3 dB, eine Vergrößerung um den Faktor 10 ergibt eine Erhöhung von 10 dB und eine um Faktor 100 eine Erhöhung von 20 dB.
- Generell muss man darauf achten, ob nach der Schallintensität I oder dem Schall(wechsel)druck p gefragt ist. Der Zusammenhang zwischen Schallintensität I und Schall(wechsel)druck p lautet: $I \infty p^2$

6.6 Lautstärke

Die Lautstärke als physikalische Größe ist vom menschlichen Hörempfinden abhängig: eine gleiche Lautstärke haben zwei Töne, wenn sie unabhängig von der Frequenz gleich laut gehört werden. Die Einheit der Lautstärke ist das Phon. Die Lautstärke eines Tones wird bestimmt, indem man ihn mit dem Schallpegel eines 1000 Hz (= 1 kHz)-Sinustones vergleicht, der gleich laut gehört wird. Der Schallpegel des 1 kHz Sinustons in dB entspricht dann der zu bestimmenden Lautstärke des Tones in Phon.

6.7 Elektromagnetische Wellen

Zu den elektromagnetischen Wellen gehören unter anderem das sichtbare und das unsichtbare Licht, Röntgen- und Gammastrahlung sowie Rundfunk- und Mikrowellen. Im Gegensatz zu den Schallwellen handelt es sich hierbei um Transversalwellen, d. h. Ausbreitungsrichtung und Schwingungsrichtung dieser Wellen stehen senkrecht zueinander.

6.7.1 Ordnung elektromanetischer Wellen

Gerne gefragt wird nach folgenden „Ordnungen" von elektromagnetischen Wellen:

Wellenlänge ↑

- Radiowellen
- Mikrowellen
- Infrarotlicht (= **Wärmestrahlung**)
- sichtbares Licht
- ultraviolettes Licht
- weiche Röntgenstrahlung
- harte Röntgenstrahlung (= φ-Strahlung)

↓ **Frequenz** **Energie**

Merke:

Von oben nach unten wird die Wellenlänge kleiner und die Frequenz und Energie größer.

6.7.2 Ausbreitung elektromagnetischer Wellen, Lichtgeschwindigkeit

Elektromagnetische Wellen breiten sich in verschiedenen Medien unterschiedlich schnell aus: Je dichter ein Medium, desto langsamer die Ausbreitung. Am schnellsten breiten sie sich im Vakuum aus, und zwar mit **Lichtgeschwindigkeit** $(3 \cdot 10^8 \frac{m}{s})$.

Übrigens...

In der Luft erreichen die elektromagnetischen Wellen fast Lichtgeschwindigkeit. Daher darf man in den entsprechenden Aufgaben näherungsweise mit der Lichtgeschwindigkeit als Ausbreitungsgeschwindigkeit rechnen.

6.8 Wellenlänge des sichtbaren Lichts

MERKE:

Sichtbares Licht liegt im Wellenlängenbereich von ca. 400 nm (= violett, blau) bis 750 nm (= rot).

DAS BRINGT PUNKTE

Aus diesem Kapitel waren bisher Fragen zum Zusammenhang zwischen Ausbreitungsgeschwindigkeit, Wellenlänge und Frequenz in **jedem** Physikum zu finden. Weiterhin wurde sehr gerne nach Ausbreitungsgeschwindigkeiten von Schall in verschiedenen Medien, der Lichtgeschwindigkeit und nach dem Verhalten der potentiellen und kinetischen Energien bei ungedämpften harmonischen Schwingungen gefragt. Unbedingt merken sollte man sich daher, dass

- die Ausbreitungsgeschwindigkeit c einer Welle dem Produkt aus Wellenlänge λ und Frequenz f entspricht: $c = \lambda \cdot f$.
- der Schall sich in Luft mit 330 m/s ausbreitet, in Wasser jedoch mit etwa 1.500 m/s.
- die Lichtgeschwindigkeit im Vakuum $3 \cdot 10^8$ m/s beträgt.
- bei der ungedämpften harmonischen Schwingung die Summe aus kinetischer und potentieller Energie stets konstant ist.

BASICS MÜNDLICHE

Was ist eine Schwingung und was eine Welle?

Schwingungen sind sich periodisch wiederholende Bewegungen um eine Ruhelage. Beispiel Fadenpendel: Die Ruhelage ist die Lage, in der der Faden gerade herabhängt. Wenn man das Gewicht anstößt, schwingt das Pendel nach rechts und links um die Ruhelage. Eine Welle ist eine Schwingung, die sich räumlich ausbreitet.

Was ist der Unterschied zwischen Transversal- und Longitudinalwellen?

Transversalwellen sind Querwellen, bei denen die Teilchen quer zur Ausbreitungsrichtung der Welle schwingen. Sämtliche elektromagnetischen Wellen (= Licht, Röntgenstrahlung etc.) sind Transversalwellen. Bei den Longitudinalwellen (= Längswellen) schwingen die Teilchen in Ausbreitungsrichtung der Welle, d.h. es gibt periodisch Verdichtungen und Verdünnungen. Schallwellen sind z.B. Longitudinalwellen.

Was bedeutet „Polarisieren" einer Welle?

Polarisieren heißt, dass aus den sehr vielen transversalen Schwingungsebenen einer Transversalwelle nur eine einzige herausgefiltert wird, in der die Welle nach der Polarisierung dann schwingt. Polarisiert werden kann Licht durch Streuung, Reflexion an einem durchsichtigen Stoff und bei Durchgang durch einen dichroitischen Kristall. Bestimmte Substanzen können die Schwingungsebene des polarisierten Lichts drehen. Daher kommt auch der Begriff linksdrehende Milchsäure.

7 Optik

In diesem Kapitel geht es hauptsächlich um Lichtbrechung, Linsensysteme und um das Mikroskop.

Übrigens...

Die Möglichkeit, Strahlengänge einzuzeichnen und daraus die Lösung der Aufgaben zu ermitteln, erleichtert vielen den Zugang zur Optik.

7.1 Lichtbrechung

Trifft ein Lichtstrahl aus einem optisch dünneren Medium (z.B. Luft) auf ein optisch dichteres Medium (z.B. Wasser oder Glas), wird der Strahl zum Lot hin gebrochen. Umgekehrt wird der Strahl vom Lot weggebrochen, wenn er aus dem optisch dichteren ins optisch dünnere Medium tritt. Ist der erste Winkel bekannt, kann der zweite anhand der **Brechzahlen (= n)** – auch Brechindices genannt – der beiden Medien berechnet werden. Ein **optisch dichteres Medium** hat dabei eine **größere Brechzahl** als ein optisch dünneres Medium. Es gilt:

$$\frac{\sin\alpha_1}{\sin\alpha_2} = \frac{n_2}{n_1} \text{ und umgeformt: } \sin\alpha_2 = \sin\alpha_1 \cdot \frac{n_1}{n_2}$$

Hier sollte man in den Fragen besonders auf die richtige Zuordnung der Zahlen **1 und 2 achten.**

Übrigens...

Das Lot steht immer senkrecht (= im 90° Winkel) zur Grenze zwischen den Medien. Die folgende Zeichnung soll die Sachverhalte noch einmal verdeutlichen:

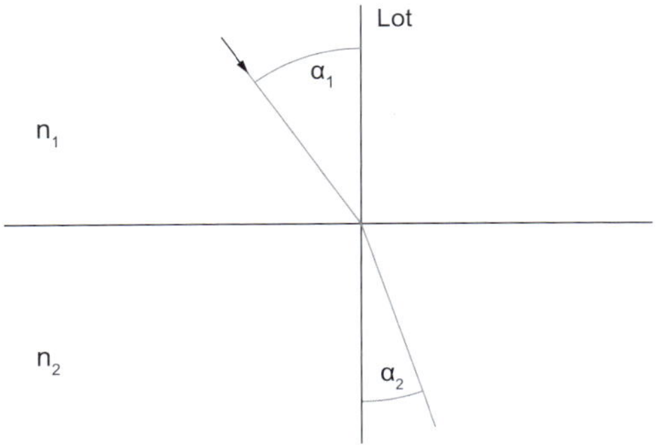

Abb. 28: Lichtbrechung

7.1.1 Ausbreitungsgeschwindigkeit in unterschiedlich dichten Medien

Neben der Richtung des Lichtstrahls ändern sich in anderen Medien auch die **Ausbreitungsgeschwindigkeit** (= in einem Lichtleiter wird Licht z.B. langsamer fortgeleitet) **und die Wellenlänge** des Lichtes, **NICHT aber seine Frequenz.** Die Wellenlänge und Geschwindigkeit werden dabei um so kleiner, je dichter ein Medium ist. Hier gibt es einen direkten mathematischen Zusammenhang zur Brechzahl: $c \cdot n = c_0$.
Dabei ist c die Ausbreitungsgeschwindigkeit im Medium, n die Brechzahl und c_0 die **Vakuum-Lichtgeschwindigkeit** von **$3 \cdot 10^8$ m/s.**

Übrigens...

Das Vakuum hat die Brechzahl 1, alle anderen Medien eine Brechzahl größer 1.

7.1.2 Totalreflexion

Beim Weg von einem **dichten** (z.B. Wasser) **in ein dünnes** (z.B. Luft) **Medium** wird ein Lichtstrahl beim Überschreiten eines Grenzwinkels nicht mehr gebrochen, sondern total reflektiert. Die Totalreflexion benutzt man in **flexiblen Lichtleitern**. Dadurch kann Licht nämlich auch auf gekrümmten Bahnen fortgeleitet werden. Dies ist allerdings nur in einem bestimmten Winkelbereich möglich (= ab dem Grenzwinkel, s. oben).
In **diesem Fall** gilt das **Reflexionsgesetz:**
Der zum Lot gemessene Einfallswinkel eines Lichtstrahls ist gleich dem Ausfallswinkel zum Lot, wenn der Lichtstrahl reflektiert wird.

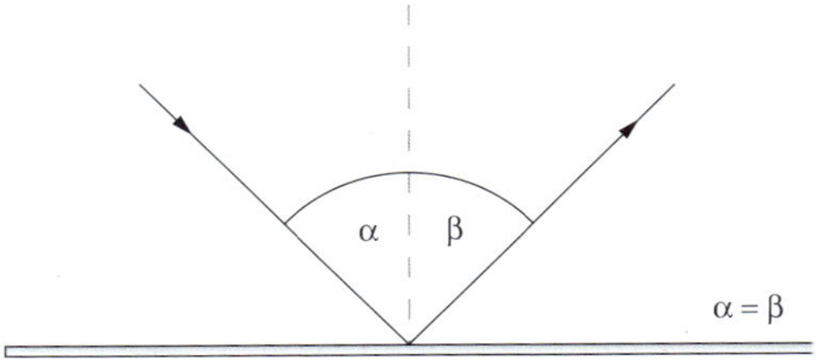

Abb. 29: Totalreflexion

7.1.3 Lichtreflexion im Hohlspiegel

Für einen **Hohlspiegel** gilt das Reflexionsgesetz natürlich auch. Hier kann das Lot zum Glück recht einfach ermittelt werden: Es ist eine Gerade vom Mittelpunkt des Spiegels (in den Physikums-Aufgaben meist als „M" bezeichnet) zum Auftreffpunkt des Lichtstrahls im Hohlspiegel. Diese Gerade entspricht nämlich dem Radius des Hohlspiegels, und der Radius ist eine Gerade, die immer senkrecht auf der Kreisfläche steht.

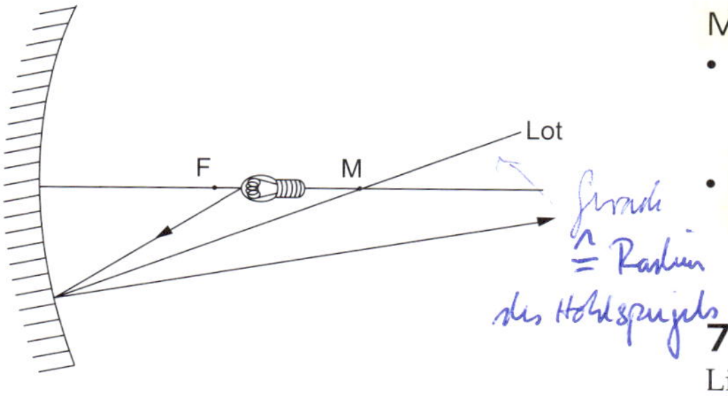

Abb. 30: Lichtreflexion im Hohlspiegel

7.1.4 Brechungsindex, Abhängigkeit von der Wellenlänge des Lichts

Der **Brechungsindex** (= Brechzahl n) ist von der **Wellenlänge abhängig**, deshalb werden unterschiedliche Farben (= Wellenlängen der elektromagnetischen Lichtschwingung) auch unterschiedlich stark gebrochen. Aus genau diesem Grund kann auch ein **Prisma** weißes Licht in seine Spektralfarben zerlegen. Diese Erscheinung heißt **Dispersion**.

Übrigens...

Bei Abbildungen mit Linsen kann ein ebensolcher, hier aber unerwünschter Effekt auftreten, den man als **chromatische Abberation** bezeichnet.

7.1.5 Ordnung der Lichtwellenlängen

Analog zu den elektromagnetischen Wellen wird auch die Ordnung der Lichtwellen gerne gefragt:

↑ Wellenlänge		↓
	- Infrarot (ca. 770nm)	Frequenz
	- Rot	
	- Orange	Energie
	- Gelb	
	- Grün	Brechungsindex
	- Blau	
	- Violett	
	- UV/Licht (ca. 390 nm)	

MERKE:

- Die Wellenlänge nimmt von oben nach unten ab, der Brechungsindex, Frequenz und die Energie nehmen von oben nach unten zu.
- Violettes Licht wird stärker gebrochen als rotes Licht.

7.2 Linsen

Linsen sind durchsichtige Körper mit zwei lichtbrechenden Flächen, von denen mindestens eine entweder nach außen (= konvex) oder nach innen (= konkav) gewölbt ist.

7.2.1 Zerstreuungslinsen

Zerstreuungslinsen heißen so, weil sie das einfallende Licht zerstreuen und nicht bündeln. Sie sind in der Regel bikonkav geformt und haben eine **negative Brennweite f**.

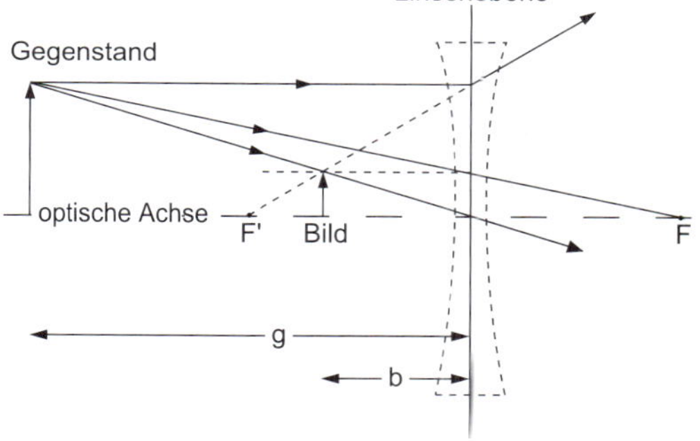

Abb. 31: Strahlengang bei der Zerstreuungslinse
g= Gegenstandsweite
b= Bildweite

7.2.2 Sammellinsen

Sammellinsen (= Konvexlinsen) sammeln das einfallende Licht. Dabei treffen sich parallel auf sie einfallende Lichtstrahlen im Brennpunkt F. Sammellinsen sind in der Regel bikonvex geformt. Der Abstand von der Mitte (= Hauptebene) der Linse zum **Brennpunkt F** ist die **Brennweite f** der Linse.

7.2.3 Brechkraft einer Linse

Für den üblichen Fall, dass sie von Luft umgeben wird, ist die **Brechkraft (= D)** einer Linse:

$$D = \frac{1}{f} \qquad \textbf{Einheit}: \left[\frac{1}{m}\right] = [\text{dpt}]\,(\text{Dioptrie})$$

Übrigens...

Die Brechkräfte zweier dünner dicht hintereinander stehender Linsen addieren sich.

7.2.4 Abbildungsgleichung

Der mathematische Zusammenhang zwischen Gegenstandsweite und Bildweite (= soweit ist das Bild von der Linse entfernt) lautet:

$$\frac{1}{f} = \frac{1}{g} + \frac{1}{b}$$

f = Brennweite

g = Gegenstandsweite (so weit ist der Gegenstand entfernt)

b = Bildweite (so weit scheint das Bild von der Linse entfernt)

Die folgende Abbildung 30 verdeutlicht diese Begriffe:

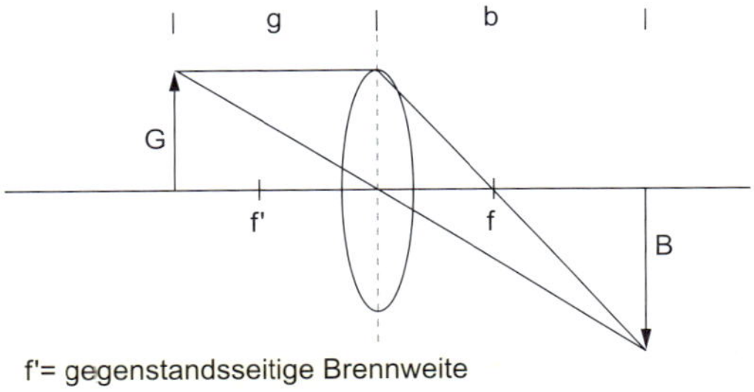

Abb. 32: Strahlengang bei der Sammellinse

7.2.5 Reelle und virtuelle Bilder

Die Abbildung 32 zeigt ein **reelles** Linsensystem, d.h. Gegenstand und Bild stehen auf entgegengesetzten Seiten der Linse. Ist die Gegenstandsweite (= g) doppelt so groß wie die Brennweite (= f), erscheint ein genau gleich großes, reelles Bild im Abstand 2f hinter der Linse.

Wenn die **Gegenstandsweite (= g) kleiner oder gleich der Brennweite (= f) einer Sammellinse** ist, entsteht ein virtuelles Bild, d.h. das Bild erscheint vom Betrachter aus auf der gleichen Seite der Linse wie der Gegenstand.

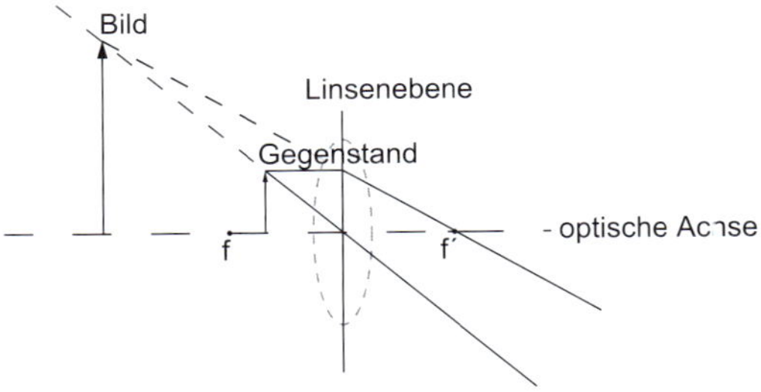

Abb. 33: Virtuelles Linsensystem

7.2.6 Bildentstehung in Abhängigkeit von der Gegenstandsweite

Verhalten von **Linsen** und **Hohlspiegeln**:

Gegenstand	Bild		
Ort	Art	Orientierung	Abbildungsmaßstab
g > 2 f	reell	umgekehrt seitenverkehrt	verkleinert
g = 2 f	reell	umgekehrt seitenverkehrt	gleich groß
f < g < 2 f	reell	umgekehrt seitenverkehrt	vergrößert
g = f	–	–	–
g < f	virtuell	aufrecht seitengleich	vergrößert

Tabelle 9: Zusammenhang zwischen Gegenstandsweite und entstehendem Bild

MERKE:
- virtuell = Bild auf der gleichen Seite wie Gegenstand
- reell = Bild und Gegenstand auf entgegengesetzten Seiten

7.3 Lichtmikroskop und Lupe

Ein Lichtmikroskop besteht prinzipiell aus einem Objektiv (= über dem Objektträger) und einem Okular, durch das man hineinsieht. Das **Objektiv** erzeugt ein **reelles, umgekehrtes Zwischenbild**. Aus diesem macht dann das **Okular** ein **vergrößertes, virtuelles Bild**, das Okular wirkt also wie eine Lupe. Der Vergrößerungsmaßstab des Mikroskops entspricht dem Produkt aus Abbildungsmaßstab mal Vergrößerung des Okulars. Das **Auflösungsvermögen** eines Mikroskops kann man verbessern (= auflösbaren Abstand verkleinern), indem man die Wellenlänge des zur Objektabbildung benutzten Lichts verkleinert, den Aperturwinkel vergrößert und die Brechzahl des Mediums zwischen Objekt und Objektiv vergrößert. Dabei hängt das maximal erreichbare Auflösungsvermögen nur von der Wellenlänge des verwendeten Lichtes ab. Die Vergrößerung eines Mikroskops hängt von den Mikroskopdaten ab und ergibt sich aus dem Produkt von Objektiv (V_{ob})- und Okularvergrößerung (V_{ok}).

$$V = V_{ob} \cdot V_{ok} = \frac{\Delta}{f_{ob}} \cdot \frac{s_0}{f_{ok}}$$

f_{ob}, f_{ok} = Brennweiten von Objektiv und Okular

Δ = optische Tubuluslänge (= Abstand der zueinander gekehrten Brennpunkte von Objektiv und Okular, s. Abb. 34)

s_0 = deutliche Sehweite ohne Hilfsmittel (= 25 cm)

Bezogen auf die **Auflösung** gilt dagegen für den kleinsten noch trennbaren Punktabstand:

$$d = \frac{\lambda}{n \cdot \sin\alpha}$$

d = kleinster auflösbarer Abstand

λ = Wellenlänge des verwendeten Lichts

n = Brechungsindex des Mediums zwischen Objekt und Objektiv (also z.B. Immersionsöl)

α = halber Öffnungswinkel, unter dem die Objektöffnung vom Objekt aus betrachtet wird

Der Zahlenwert des Nenners der Formel (= Produkt aus Brechzahl und dem Sinus des halben Öffnungswinkels) liegt stets in der Größenordnung von 1 und der kleinste auflösbare Abstand d damit im Bereich der Wellenlänge des verwendeten Lichts. Für sichtbares Licht liegt die Wellenlänge λ zwischen ca. 400 und 750 nm.

Übrigens...

Bei **Immersionsobjektiven** können Längen von der Größenordnung der Wellenlänge des Lichtes aufgelöst werden (**ca. 500 nm**).

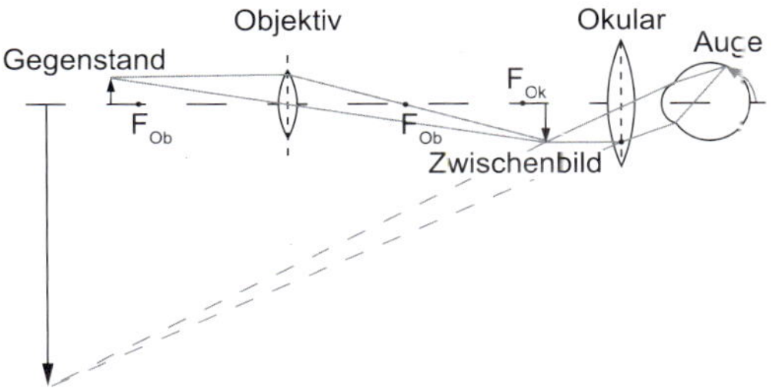

Abb. 34: Strahlengänge im Mikroskop

Die Vergrößerung V einer Lupe errechnet sich wie die des Okulars eines Mikroskops (letztlich ist das Okular ja eine Lupe, mit der das entstandene Zwischenbild betrachtet wird):

$$V = \frac{s_0}{f}$$

f = Brennweite der Lupe,

s_0 = deutliche Sehweite ohne Hilfsmittel (also 25 cm = 0,25 m beim normalsichtigen Probanden)

7.4 Lichtintensität

Die Lichtintensität nimmt bei punktförmigen Lichtquellen mit dem **Quadrat des Abstands r ab: Intensität proportional** $\frac{1}{r^2}$

7.5 Extinktion und Transmission

Licht wird beim Durchgang durch Materie geschwächt. Diese Schwächung nennt man Extinktion . Die genaue Definition der Extinktion lautet: Trifft Licht der Intensität I_0 auf eine Lösung der Schichtdicke x, dann bezeichnet man den **dekadischen Logarithmus** des Verhältnisses I_0/I

$$E = \log\left[\frac{I_0}{I}\right]$$

(I = durchgelassene Intensität) als Extinktion E:
Die Extinktion kann ebenfalls in Abhängigkeit von der Schichtdicke x und der Konzentration c einer Lösung angegeben werden:

$$E = \varepsilon \cdot c \cdot x$$

ε = spezifischer Extinktionskoeffizient [Konstante]
c = Konzentration
x = Schichtdicke

Diese Formel bezeichnet man als **Lambert-Beer-Gesetz**. In Zusammenhang mit der Definition der Extinktion kann man so sehr schnell photometrisch die Konzentration eines Stoffes in einer Lösung ermitteln: Man bestimmt die Schichtdicke, ermittelt den spezifischen Extinktionskoeffizienten (aus der Literatur) und misst die Extinktion. Jetzt kann man die Konzentration der Lösung nach dem Lambert-Beer-Gesetz angeben.

Die Transmission T ist eng mit der Extinktion verwand. Unter der Transmission versteht man den Anteil der durchgelassenen Lichtintensität. Sie wird als direkter Quotient ohne Logarithmierung berechnet:

$$T = \frac{I}{I_0}$$

7.6 Lichtstärke/Beleuchtungsstärke

Die **Lichtstärke** wird als Basisgröße in der Einheit **Candela** (s. 1.1.1, S. 1) angegeben. Unabhängig davon gibt es noch zwei weitere Größen, die das Phänomen Licht beschreiben: Unter dem **Lichtstrom** (Einheit = **Lumen**) versteht man die von einer Lichtquelle pro Zeiteinheit ausgesandte Strahlung, wie sie vom Auge **subjektiv** empfunden wird. Die **Lichtstärke** ist der Lichtstrom bezogen auf den in einer bestimmten Richtung durchstrahlten Raumwinkel.Die **Beleuchtungsstärke** (Einheit = **Lux**) gibt die von einer Lichtquelle ausgesandte Strahlungsenergie an, die **pro Sekunde auf einen Quadratmeter einer Fläche fällt.**

Übrigens...

- Alle Lichtgrößen beinhalten einen subjektiven physiologischen Bewertungs-maßstab, da Licht durch den Aufbau des menschlichen Auges abhängig von der Farbe unterschiedlich hell empfunden wird, auch wenn es die gleiche Strahlungsenergie hat.
- In Anlehnung an die Einheit Lux existiert in der Akustik die Einheit **Phon**, die berücksichtigt, dass unterschiedliche Tonfrequenzen trotz gleicher Schallstärke vom menschlichen Ohr als unterschiedlich laut empfunden werden. Dabei ist festgelegt, dass für einen 1000 Hz-Ton die Phonskala mit der dB-Angabe des Schallpegels übereinstimmt.

DAS BRINGT PUNKTE

Aus diesem Kapitel werden Fragen zur Lichtbrechung, zur Brechkraft und Brennweite von Linsen und zum Mikroskop sehr häufig gestellt. Weiterhin wird sehr gerne nach der Extinktion sowie reellen und virtuellen Linsensystemen gefragt. Unbedingt merken sollte man sich daher, dass

- Licht beim Übergang in ein optisch dichteres Medium zum Lot hin, beim Übergang in ein optisch dünneres Medium vom Lot weg gebrochen wird.
- Licht sich in dichteren Medien langsamer ausbreitet und der Zusammenhang lautet: Produkt aus Ausbreitungsgeschwindigkeit im Medium und Brechzahl des Mediums gleich Vakuumlichtgeschwindigkeit: $c \cdot n = c_0$.
- die Brennweite von Sammellinsen positiv, die von Zerstreuungslinsen negativ ist.
- die Brechkraft D sich aus dem Kehrwert der Brennweite f errechnet: $D = \frac{1}{f}$
- das Objektiv eines Mikroskops ein reelles Zwischenbild erzeugt, das vom Okular wie mit einer Lupe betrachtet wird und damit das Okular ein virtuelles System ist.

BASICS MÜNDLICHE

Was sind Sammellinsen und Zerstreuungslinsen, wie sehen sie aus?
Eine Sammellinse ist in der Regel bikonvex (= beiderseits nach außen gewölbt) geformt. Sammellinsen haben eine positive Brennweite, sie sammeln parallel auf sie einfallende Lichtstrahlen im Brennpunkt. Eine Zerstreuungslinse ist in der Regel bikonkav geformt, hat eine negative Brennweite und zerstreut parallel auf sie einfallende Lichtstrahlen.

Wie wird Licht gebrochen, wenn es in ein optisch dichteres Medium eintritt?
Licht wird beim Wechsel in ein optisch dichteres Medium zum Lot hin gebrochen. Gleichzeitig verlangsamt sich die Ausbreitungsgeschwindigkeit des Lichtes. Der genaue Zusammenhang lautet: $c \cdot n = c_0$ (= Ausbreitungsgeschwindigkeit im Medium mal Brechzahl gleich Vakuum-Lichtgeschwindigkeit).
Beim Wechsel in ein optisch dünneres Medium wird das Licht vom Lot weg gebrochen. In dieser Situation tritt bei Überschreiten eines bestimmten Grenzwinkels das Licht gar nicht mehr in das zweite Medium ein, sondern wird total reflektiert. Hierbei gilt das Gesetz Einfallswinkel zum Lot gleich Ausfallswinkel zum Lot.

Wie ist ein Mikroskop aufgebaut?
Grundsätzlich besteht ein Mikroskop aus zwei Sammellinsen. Das **Objektiv** erzeugt ein reelles, umgekehrtes Zwischenbild des Gegenstands (= der Gegenstand steht zwischen der einfachen und zweifachen Brennweite der Objektivlinse). Aus diesem Zwischenbild erzeugt dann das **Okular** (hier steht der Gegenstand = das Zwischenbild innerhalb der Brennweite) ein vergrößertes, virtuelles Bild, das Okular wirkt also als Lupe.

Übrigens...

Schiebt man das Objekt unter dem Mikroskop nach oben, wandert das Bild nach unten: das liegt daran, dass das Bild einmal gedreht wird (durch die Objektivlinse), an der zweiten Linse (dem Okular) aber seine Orientierung behält.

DAMIT IHR NACH SO VIELEN FAKTEN ZUM KAPITEL OPTIK WIEDER KLAR NACH VORN SCHAUEN KÖNNT, EMPFEHLE ICH EUCH NUN, EINE WOHLVERDIENTE PAUSE EINZULEGEN.

8 Ionisierende Strahlung

Ionisierende Strahlung kann Teilchenstrahlung (= α- oder β-Strahlung) oder eine elektromagnetische Welle sein (= γ- oder Röntgenstrahlung, s. 8.5). Als ionisierend wird eine Strahlung immer dann bezeichnet, wenn sie so energiereich ist, dass sie aus Atomen oder Molekülen Elektronen herauslösen kann. Die dadurch entstehenden Ionen können Körpergewebe und DNA sehr schädigen. In der Natur entsteht ionisierende Strahlung durch den Zerfall von (instabilen) Atomkernen (= Radionukliden).

8.1 Radioaktivität

Es gibt stabile und instabile Nuklide (= Atomkerne, s. Kap. 3, S. 13 und 14). **Instabile Nuklide werden durch radioaktiven Zerfall zu stabilen Nukliden**.

8.1.1 Einheit der Radioaktivität

Die Radioaktivität ist die Anzahl der Kernumwandlungen pro Zeit , d.h. die Anzahl der Zerfälle pro Sekunde. Ihre Einheit ist das Becquerel:

1 [Zerfall/s] = 1 [Bq] (= Becquerel)

8.2 Radioaktiver Zerfall

Es gibt folgende Zerfallsarten:

- α-Zerfall,
- β^--Zerfall und
- β^+-Zerfall.

8.2.1 α-Zerfall

Beim α-Zerfall sendet der zerfallende Kern ein **α-Teilchen** aus (= einen Helium $^{2+}$-Kern), wobei die **Nukleonenzahl** des Nuklids um 4 abnimmt: 2 Neutronen und 2 Protonen. Die Ordnungszahl, Kernladungszahl, Neutronenzahl und Protonenzahl nehmen dabei also um jeweils 2 ab.
Ein Beispiel für einen Alphastrahler ist das Uranisotop $^{238}_{92}U$

Es zerfällt beim Alphazerfall in $^{234}_{90}Th$ (= Thorium) und besagtes Alpha-Teilchen.
Das Alphateilchen ist – gemessen an den abgestrahlten Teilchen der anderen Strahlungsarten – ziemlich groß und schwer.

In Materie bewegt es sich langsam vorwärts, wobei seine Bewegungsenergie durch zahlreiche Ionisationsprozesse mit der durchlaufenden Materie immer weiter abnimmt und das Teilchen langsamer wird. Daher kommt es in Materie nicht besonders weit.

8.2.2 ß⁻-Zerfall

Beim $ß^-$-Zerfall sendet das ursprüngliche Element Elektronen aus, die aus der Umwandlung von Neutronen in Protonen entstehen. Dabei entsteht ein neues Element mit größerer Ordnungszahl. Die Nukleonenzahl des Nuklids bleibt gleich, die Ordnungszahl und damit auch die Protonenzahl und Kernladungszahl nehmen um 1 zu, die Neutronenzahl nimmt um 1 ab.
Ein Beispiel für einen $ß^-$-Zerfall ist der Zerfall von $^{234}_{90}Th$ (= Thorium).

Es zerfällt in $^{234}_{91}Pa$ (= Protactinium) und ein Elektron.

8.2.3 ß⁺-Zerfall

Beim $ß^+$-Zerfall sendet das ursprüngliche Element ein **Positron** (= positives Elektron mit der Masse eines Elektrons und der Ladung eines Protons) aus, das aus der Umwandlung von Protonen in Neutronen entsteht. Dabei wird ein neues **Element mit niedrigerer Ordnungszahl** gebildet. Die Nukleonenzahl des Nuklids bleibt gleich, die Ordnungszahl und damit auch die Protonenzahl und Kernladungszahl nehmen um 1 ab, die Neutronenzahl nimmt um 1 zu.

Übrigens...

Der $ß^-$-Zerfall kommt bei neutronenreichen Isotopen vor, der $ß^+$-Zerfall bei protonenreichen Isotopen, die in der Natur allerdings selten sind.

8.3 Strahlungsarten

Aus den oben beschriebenen Zerfallsarten entstehen die unterschiedlichen Strahlungsarten: beim α-Zerfall α-Strahlung, beim ß-Zerfall ß-Strahlung. Diese beiden Strahlungsarten nennt man auch Teilchenstrahlungen, weil α-Teilchen, Elektronen oder Positronen abgestrahlt werden (s. 8.2.1). Nach einem α- oder ß-Zerfall befindet sich der neu entstandene Atomkern oft in einem angeregten Zustand. Geht ein solcher Kern in den Grundzustand über, entsteht als Sekundärstrahlung die γ-Strahlung (s. 8.3.2).

8.3.1 Ionisierende Strahlung - Ablenkung in magnetischen Feldern

α- und ß-Strahlen können von magnetischen Feldern abgelenkt werden, weil beide Strahlungsarten aus elektrisch geladenen Teilchen bestehen.

8.3.2 Ionisierende Strahlung - Photonenstrahlung/γ-Strahlung

Bei der Umwandlung eines Nuklids vom angeregten in den Grundzustand kann **elektromagnetische Strahlung** in Form von **γ-Strahlung** freiwerden. Hier gibt es keine Änderung der Ordnungszahl und keine Ablenkung der Strahlung in elektrischen oder magnetischen Feldern, da die Strahlung keine Teilchen-, sondern eine Photonenstrahlung ist.

8.3.3 Szintigraphische Diagnostik

Bei der Szintigraphie verwendet man einen Strahler (= Radiopharmakon), der z. B. für ein Lungenperfusionsszintigramm an Kolloide gebunden wird. In verschlossene (= embolisierte) Pulmonalarterien können diese strahlenden Kolloide nicht vordringen. Deshalb erkennt man auf dem - mit einer Gamma-Kamera aufgenommen - szintigraphischen Bild die Lokalisation einer Lungenembolie an einer „Minderbelegung" (= keine strahlenden Kolloide).

Übrigens...

Da korpuskuläre (α- und β-)Strahlungen im menschlichen Körper nur eine sehr geringe Reichweite haben und ihn nicht durchdringen können, werden für Szintigraphien ausschließlich **γ-Strahler** verwendet (oft Technetium 99m).

8.4 Halbwertszeit, Zerfallsgesetz

Ein Isotop, das radioaktiv zerfällt, tut dies mit einer prozentual konstanten Abnahme (= einer exponentiellen Abnahme). Dieser Zusammenhang lässt sich mathematisch mit Halbwertszeit und Zerfallsgesetz beschreiben.

8.4.1 Halbwertszeit

Gerne wird zur Beschreibung eines Nuklids die Halbwertszeit angegeben: Das ist die **Zeit, die statistisch verstreicht, bis die Hälfte der ursprünglich vorhandenen Kerne zerfallen ist.** 2 Halbwertszeiten heißen also, dass ¾ der ursprünglichen Kerne zerfallen sind: ½ nach der ersten Halbwertszeit und davon zusätzlich die Hälfte (= ¼) nach der zweiten Halbwertszeit. Zu diesem Zeitpunkt ist also noch ¼ der Kerne nicht zerfallen.

8.4.2 Zerfallsgesetz

Den radioaktiven Zerfall einer Substanz kann man mit dem Zerfallsgesetz beschreiben:
$N(t) = N_0 e^{-\lambda t}$, wobei N(t) die Zahl der aktuell noch vorhandenen Kerne ist, N_0 die Anzahl der Kerne zu Beginn des Zerfalls, t die verstrichene Zeit in Sekunden und λ die Zerfallskonstante der Substanz. Die Zerfallskonstante bestimmt die Geschwindigkeit des radioaktiven Zerfalls. Zwischen ihr und der Halbwertszeit T_H besteht folgender Zusammenhang: $\lambda = \frac{\ln 2}{T_H}$.

8.5 Röntgenstrahlung

8.5.1 Aufbau einer Röntgenröhre

Eine **Röntgenröhre** besteht aus einer **Glühkathode und einer Anode in einer Vakuumröhre.** Zwischen Kathode und Anode liegen üblicherweise **Spannungen von 50 kV bis 0,1 MV.** Aus der Kathode treten Elektronen aus und schlagen, beschleunigt durch die Spannung, auf der Anode auf. Dadurch werden aus den kernnahen Schalen der Atome der Anode Elektronen herausgelöst und es entsteht eine elektromagnetische **Photonenstrahlung** (= Röntgenstrahlung,). Die **Maximalenergie** der entstehenden Röntgenquanten in der Röntgenstrahlung ist dabei **proportional zur Anodenspannung U.** Die genaue Formel lautet: $E_{kin} = e \cdot U$.

Übrigens...

e ist die Elementarladung $1{,}6 \cdot 10^{-19}$ C. Mit diesem Ladungsbetrag ist ein Elektron negativ geladen.

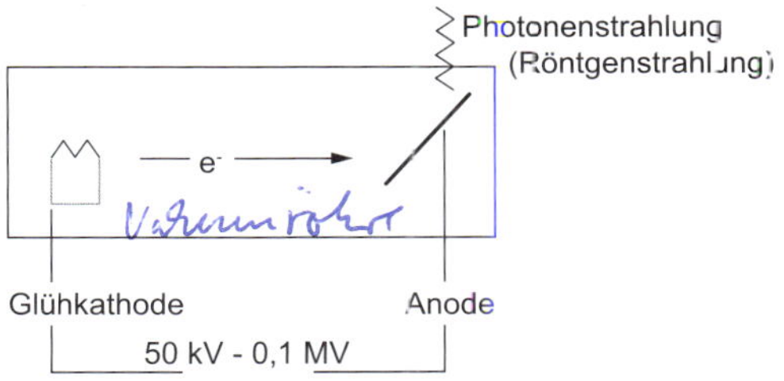

Abb. 35: Aufbau einer Röntgenröhre

Für die Bremsstrahlung (durch das Abbremsen der Elektronen im Anodenmaterial entstehende Strahlung) einer Röntgenröhre ergibt sich ein kontinuierliches **Röntgen(brems)-spektrum**, das etwa so aussieht:

8.5.2 Röntgenbremsspektrum

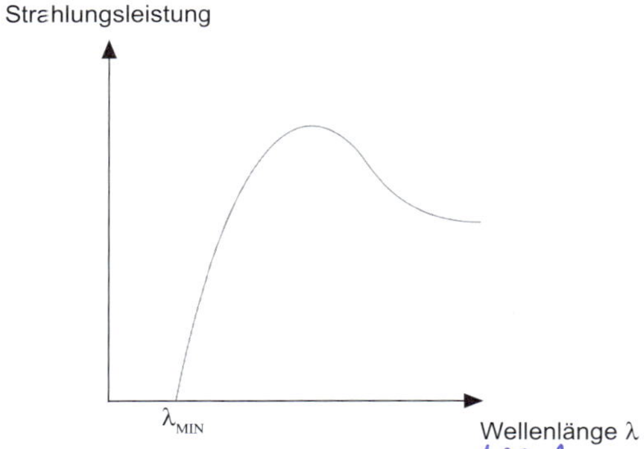

Abb. 36: Röntgenbremsspektrum

Die **Grenzwellenlänge** λ_{MIN} ist bestimmt durch die Energie der auf der Anode auftreffenden Elektronen. Die **Wellenlänge** der charakteristischen Strahlung einer Röntgenröhre hängt NUR vom Anodenmaterial ab.

Die **Schwächung** einer Röntgenstrahlung erfolgt in Form einer abnehmenden Exponentialfunktion, die aussieht wie eine Kondensator-Entladungskurve. Die Anzahl der zerfallenen Kerne eines Nuklids sieht dafür aus wie eine umgekehrte Kondensator-Aufladungskurve. Wer erinnert sich noch?

Verblasste Erinnerungen können in Kapitel 5 ab S. 22 aufgefrischt werden!

8.6 Räumliche Ausbreitung von Röntgenstrahlung, Intensität

Die wichtigste Schutzmaßnahme vor der Röntgenstrahlung ist Abstand halten. Die **Dosisleistung** (= Energiedosis/Zeit, Einheit [Gy / s]) fällt nämlich quadratisch mit dem Abstand, d.h. wenn man den Abstand zu einer Röntgenquelle verdoppelt, bekommt man nur noch ein Viertel der Strahlung ab usw.

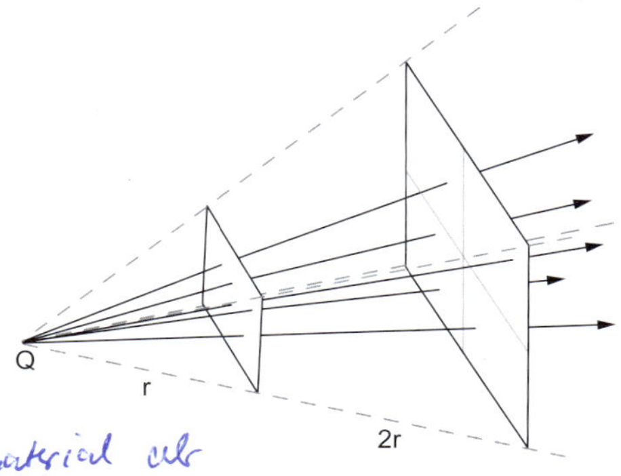

Abb. 37: Räumliche Ausbreitung von Röntgenstrahlung einer punktförmigen Strahlenquelle

Übrigens...

Eine der häufigsten Fragen zum Kapitel ionisierende Strahlung ist, wie stark Strahlung geschwächt wird, wenn sich der Abstand zu einer punktförmigen Strahlenquelle verdoppelt. Die Antwort lautet: Da die Dosisleistung quadratisch mit dem Abstand zur Strahlenquelle fällt, sinkt die Intensität der Strahlung auf ¼.

8.7 Halbwertsdicke

Als weitere Schutzmaßnahme kann man **Bleiplatten** zwischen sich und die Strahlungsquelle bringen. Für Röntgenstrahlen bestimmter Energie sind 5 mm Blei die Halbwertsdicke, d.h. sie schwächen die Strahlung um die Hälfte ab. Platten mit 1 cm Dicke schwächen die Strahlung dann schon um ¾ auf ¼ der ursprünglichen Strahlung usw. (s. a. Schwächung der Strahlung durch die Zeit, Halbwertszeit 8.4.1, S. 41).

8.8 Positronen-Emissions-Tomographie (= PET)

Die Positronen-Emissions-Tomographie (= PET) ist ein Schnittbildverfahren, das β^+-Strahler (= Positronenstrahler, s. 8.2.3, S. 40) nutzt. Die strahlende Markierungssubstanz (häufig ^{18}F-Fluordesoxyglucose, kurz: FDG) wird intravenös appliziert und von stoffwechselaktiven Zellen (z.B. Tumorzellen) aufgenommen. Trifft nun ein aus der Markierungssubstanz abgestrahltes Positron auf ein in der Nähe befindliches Elektron, werden beim Aufprall der beiden Teilchen zwei Photonen (= Gammaquanten) in genau entgegengesetzte Richtungen (= Winkel 180°) ausgesandt. Das PET-Gerät hat viele, in einem Ring angeordnete Detektoren, die solche Photonen erfassen. Die Schnittbilder errechnet der Computer des PET aus der räumlichen und zeitlichen Verteilung der erfassten Photonen.

Das zunächst abgestrahlte Positron selbst entsteht aus dem Zerfall eines Protons, welches in ein Neutron, das abgestrahlte Positron e^+ und ein Neutrino $\overline{\nu}$ zerfällt. (Ein Neutrino ist ein ungeladenes Teilchen mit einer Ruhemasse nahe null). Das ursprüngliche Element verliert ein Proton und erhält ein Neutron. Dadurch bleibt die Massenzahl gleich, allerdings erniedrigt sich die Ordnungszahl (= Protonenzahl) um 1. ^{18}F-Fluordesoxyglucose wandelt sich dabei in ^{18}O um.

$$^{18}_{9}F \rightarrow ^{18}_{8}O + e^+ + \overline{\nu} + \text{Energie}$$

8.9 Größen und Einheiten in Zusammenhang mit ionisierender Strahlung

8.9.1 Radioaktivität

Die SI-Einheit für die Aktivität einer radioaktiven Substanz ist das **Becquerel**. Die Aktivität 1 Bq bedeutet einen Kernzerfall pro Sekunde.

8.9.2 Energiedosis

Die Energiedosis einer Strahlung ist die absorbierte Strahlenenergie pro Masse des Volumens, auf das die Strahlung trifft. Die Einheit der Energiedosis ist:

$$\frac{\text{Joule}}{\text{kg}} = \frac{\text{J}}{\text{kg}}$$, Eigenename **Gray** (Gy).

Die für das Examen wichtige Definition lautet:

MERKE:
Die Energiedosis ist der Quotient aus der in einem Volumen auf Materie übertragenen Energie ionisierender Teilchen und der Masse des Volumens.

So kompliziert kann man es eben auch ausdrücken…

8.9.3 Äquivalentdosis

Sie ist definiert als die durch ionisierende Strahlung vom Körper aufgenommene Energiedosis multipliziert mit einem Strahlungswichtungsfaktor. Der Strahlungswichtungsfaktor gewichtet die relative biologische Wirksamkeit der jeweiligen Strahlungsart. Für Photonenstrahlung wie der Gammastrahlung ist er 1, für Strahlung mit schweren Kernen wie z.B. der Alphastrahlung 20. Die Einheit der Äquivalentdosis ist das **Sievert** (Sv).

8.9.4 Energiedosisleistung

Jede Leistung ist auf eine Zeit bezogen, so auch die Energiedosisleistung. Sie ist definiert als Energiedosis pro Zeit:

$$P = \frac{\text{Energiedosis}}{\Delta t} = \frac{D}{\Delta t}. \quad \text{Einheit: } \frac{\text{Gray}}{\text{s}}.$$

8.9.5 Ionendosis

Die Ladung Q der Ionen gleichen Vorzeichens, die in Luft durch ionisierende Strahlung entstehen, geteilt durch die Masse m der durchstrahlten Luft ergibt die Ionendosis.

Die Einheit ist $\frac{\text{Coulomb}}{\text{kg}} = \frac{\text{C}}{\text{kg}}$.

DAS BRINGT PUNKTE

Aus diesem Kapitel werden Fragen zur Halbwertszeit, zur Schwächung von Röntgenstrahlung bei der räumlichen Ausbreitung und zu den verschiedenen Strahlungsarten sehr häufig gestellt. Unbedingt merken sollte man sich daher, dass

- die Halbwertszeit die Zeit ist, in der die Hälfte der ursprünglich vorhandenen Kerne zerfallen ist. 2 Halbwertszeiten heißen also, dass ¾ der ursprünglichen Kerne zerfallen sind: ½ nach der ersten Halbwertszeit und davon zusätzlich die Hälfte (also ¼) nach der zweiten Halbwertszeit.
- die wichtigste Schutzmaßnahme vor einer Röntgenstrahlung heißt: Abstand halten! Denn die Intensität einer von einer punktförmigen Strahlenquelle ausgesandten Strahlung fällt mit dem Quadrat der Abstandsvergrößerung: Wird der Abstand zu einer solchen Strahlenquelle verdoppelt, dann sinkt die Intensität der Strahlung bereits auf ein Viertel der ursprünglichen Intensität.
- beim α- Zerfall der zerfallende Kern ein α-Teilchen aussendet (= Helium $^{2+}$-Kern), wobei die Nukleonenzahl des Nuklids um 4 abnimmt: Um 2 Neutronen und 2 Protonen. Die Ordnungszahl, Kernladungszahl, Neutronenzahl und Protonenzahl nehmen um jeweils 2 ab.
- die γ-Strahlung KEINE Teilchenstrahlung ist, sondern entsteht, wenn ein Nuklid vom angeregten in den Grundzustand zurückfällt. Damit ist die γ–Strahlung eine elektromagnetische Welle.
- eine Röntgenröhre prinzipiell nur aus drei Teilen besteht: einer evakuierten Glasröhre, die wiederum eine Glühkathode und eine Anode enthält. Zwischen Kathode und Anode liegen üblicherweise Spannungen von 50 kV bis 0,1 MV. Aus der Kathode treten Elektronen aus und schlagen – beschleunigt durch die Spannung – auf der Anode auf. Aus kernnahen Schalen der Atome der Anode werden dabei Elektronen herausgelöst. Dabei entsteht eine elektromagnetische Photonenstrahlung, die Röntgenstrahlung. Einen Unterschied zwischen γ-Strahlung und Röntgenstrahlung macht man wegen ihrer unterschiedlichen Entstehung, beide Strahlungsarten sind jedoch elektromagnetische Photonenstrahlungen.

BASICS MÜNDLICHE

Was ist die Einheit der Radioaktivität?
Beim radioaktiven Zerfall werden instabile Atomkerne (= Nuklide) durch den Zerfallsprozess zu stabilen Nukliden und geben dabei eine ionisierende Strahlung ab.
Die Einheit der Radioaktivität ist das Becquerel. Es gibt die Anzahl der Kernumwandlungen pro Zeit an, d.h. die Anzahl der Zerfälle pro Sekunde.

Was ist die Energiedosis?
Die **Energiedosis** einer Strahlung ist die absorbierte Strahlenenergie pro Masse des Volumens, auf das die Strahlung auftrifft. Die Einheit der Energiedosis ist:

$$\left[\frac{J}{Kg}\right] = [Gy] \ (=Gray).$$

Aus welchen Teilchen bestehen α, β^-, β^+ und γ-Strahlung?

- Beim α-Zerfall wird ein Helium-Kern, bestehend aus 2 Protonen und 2 Neutronen, abgestrahlt (= Alpha-Teilchen).
- Die β^--Strahlung ist eine Elektronenstrahlung,
- die β^+-Strahlung dagegen eine Positronenstrahlung (Positronen sind „positive Elektronen").
- Die γ-Strahlung ist KEINE Teilchenstrahlung, sondern eine elektromagnetische Strahlung (= Photonenstrahlung).

Index

Symbole

A

B

C

D

E

Eure Meinung ist gefragt

Unser Ziel ist es, euch ein perfektes Skript zur Verfügung zu stellen. Wir haben uns sehr bemüht, alle Inhalte korrekt zu recherchieren und alle Fehler vor Drucklegung zu finden und zu beseitigen. Aber auch wir sind nur Menschen: Möglicherweise sind uns einige Dinge entgangen. Um euch mit zukünftigen Auflagen ein optimales Skript bieten zu können, bitten wir euch um eure Mithilfe.

Sagt uns, was euch aufgefallen ist, ob wir Stolpersteine übersehen haben oder ggf. Formulierungen präzisieren sollten. Darüber hinaus freuen wir uns natürlich auch über positive Rückmeldungen aus der Leserschaft.

Eure Mithilfe ist für uns sehr wertvoll und wir möchten euer Engagement belohnen: Unter allen Rückmeldungen verlosen wir einmal im Semester Fachbücher im Wert von 250,- EUR. Die Gewinner werden auf der Webseite von MEDI-LEARN unter www.medi-learn.de bekannt gegeben.

Schickt eure Rückmeldungen einfach per Post an MEDI-LEARN, Olbrichtweg 11, 24145 Kiel oder tragt sie im Internet in ein spezielles Formular ein, das ihr unter der folgenden Internetadresse findet: www.medi-learn.de/rueckmeldungen

Vielen Dank
Euer MEDI-LEARN Team